科普图书馆

U0811757

"科学就在你身边"系列

让我欢喜让我忧

——昆虫与人类

总 主 编 杨广军

副总主编 朱焯炜 章振华 张兴娟

胡 俊 黄晓春 徐永存

本册主编 肖 寒

本册副主编 朱焯昀 陈 昕

上海科学普及出版社

图书在版编目（CIP）数据

让我欢喜让我忧：昆虫与人类/肖寒主编.—上海：
上海科学普及出版社，2012.1(2023.3重印)
(科学就在你身边系列/杨广军主编)
ISBN 978-7-5427-5009-9

Ⅰ.①让…　Ⅱ.①肖…　Ⅲ.①昆虫学–普及读物
Ⅳ.①Q96–49

中国版本图书馆 CIP 数据核字(2011)第 130180 号

组　　稿　胡名正　徐丽萍
责任编辑　刘湘雯

“科学就在你身边”系列
让我欢喜让我忧
——昆虫与人类
总主编　杨广军
副总主编　朱焯炜　章振华　张兴娟
胡　俊　黄晓春　徐永存
本册主编　肖　寒
本册副主编　朱焯昀　陈　昕
上海科学普及出版社出版发行
(上海中山北路 832 号　邮政编码 200070)
http://www.pspsh.com

各地新华书店经销　北京一鑫印务有限公司印刷
开本 787×1092　1/16　印张 15　字数 230 000
2012 年 1 月第 1 版　2023年 3月第 4 次印刷

ISBN 978-7-5427-5009-9　定价：48.00 元

卷首语

田野里的一朵朵小花、路旁边的一棵棵大树、天空中的朵朵白云……都是大自然给我们的礼物，它总是无限美好，是一本最好的百科全书。

昆虫生生不息，它不可或缺，它本身就蕴藏了无穷的奥秘。昆虫与环境的适应关系，是亿万年的进化，也是长期选择的结果……当然，与此同时，“害虫”也进化出了很强的适应能力；人类的不适当的活动强化了昆虫，却增加了我们自己不尽的悲剧。不管是否愿意，但是不可改变，在我们的周围，总是陪伴着很多的昆虫。让我们与它们共生共息，共行共存，不断地去认识它们，研究它们，理解它们吧。在不断的前行中，让我们一起，去获得无法言说的惊喜与快乐……

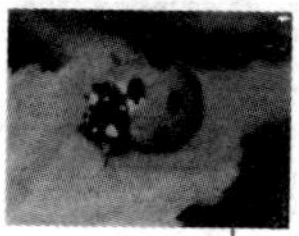

目　录

认识人类的朋友——昆虫知识 ABC

福兮祸所伏——昆虫给人类带来的灾难

大自然的馈赠——昆虫益处多多

昆虫带来的启示——仿生学

认识人类的朋友

——昆虫知识 ABC

谈到昆虫，也许我们已经很熟悉了。彩色纷飞的蝴蝶，访花酿蜜的蜜蜂，吐丝结茧的蚕宝宝，引吭高歌的知了，争强好斗的蛐蛐，星光闪烁的萤火虫，身手矫健、形似飞机的蜻蜓，憨厚可爱的小瓢虫，举着一对大刀、怒目圆睁的螳螂，令人讨厌的苍蝇、蚊子、蟑螂等等。那么，昆虫还有哪些呢？吐丝的蜘蛛、螫人的蝎子是不是昆虫？马蜂、蜈蚣呢？对这些问题，你不一定能完全答得出，现在我们一起来看看到底什么样的虫才算作昆虫？

小个子大学问——关于昆虫

昆虫是动物界中无脊椎动物的节肢动物门昆虫纲的动物，所有生物中种类及数量最多的一群，是世界上最繁盛的动物，已发现100多万种。昆虫从出生到死亡的一生，形态会发生巨大的变化，在脑海中回想一下你所熟悉的昆虫的形态，它和人类有哪些相似之处，又有哪些明显的区别？昆虫的家族非常兴旺，遍布全球各个角落。人类不能生存的环境，对于它们来说也许是天堂。别看它们个子小，但在生态圈中却扮演着很重要的角色。下面就让我们一同去认识这些古灵精怪的小家伙吧。

◆这张蜻蜓图体现了典型的昆虫结构：三段头、胸、腹、两对翅膀、三对足、一对触角

我们的周围到处是昆虫

昆虫属于节肢动物门，成虫体分头、胸、腹三部；头部有口器和触角（一对），常具复眼和单眼；胸部有足三对，翅两对（或仅一对、或全缺），腹部无足。体表有几丁质的外骨骼。由气管进行呼吸。根据翅的有无，分无翅亚纲和有翅亚纲，一般分为34目。广布于地面、土壤中、茎中、水中以及动

◆正在产卵的昆虫

植物体内和体表。食性复杂，植食、肉食、腐食、杂食或寄生都有。很多为农林牧副渔和人类保健上的害虫，也有为益虫或资源昆虫。

昆虫学家估计现存种类实际在200万~500万种之间。大多数昆虫形体小，长度一般不到6厘米，但大小相差悬殊。有些极小，如寄生蜂；而某些热带昆虫则相当大，长度可达16厘米。许多种类的两性结构不同。如捻翅目的雌虫仅成一个充满了卵的不活动的袋状构造，而雄虫有翅，非常活跃。生殖方式不同，生殖力强。某些昆虫（如蜉蝣）只在幼虫期取食，而成体不取食。

探其究竟——昆虫生物学特性

昆虫的分布面之广，没有其他纲的动物可以与之相比，几乎遍及整个地球。从赤道到两极，从海洋、河流到沙漠，高至世界的屋脊——珠穆朗玛峰，下至几米深的土壤里，都有昆虫的存在。这样广泛的分布，与昆虫的生物学特性息息相关。

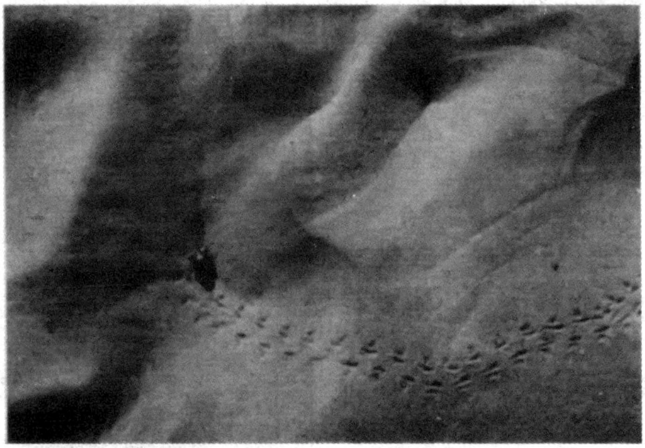

◆生活在沙漠中顽强的昆虫

虫丁兴旺的奥秘

有翅能飞——昆虫是无脊椎动物中唯一有翅的一类，也是动物中最早具翅的一个类群，飞翔能力的获得给昆虫觅食、求偶、避敌、扩散等带来了极大的好处。

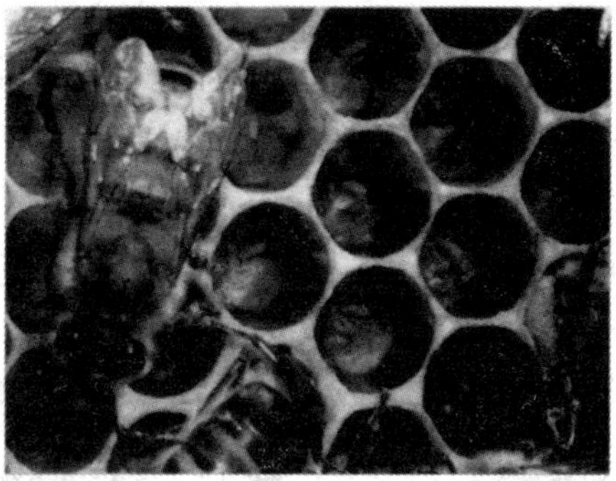

◆蜜蜂具有惊人的繁殖能力，1 只蜂后 1 天可产卵 2000 ~ 3000 粒

繁殖力强——昆虫具有惊人的繁殖能力。大多数昆虫产卵量在数百粒范围内，具有社会性与孤雌生殖的昆虫生殖力更强，如果需要，1 只蜂后一生可产卵百万粒，有人曾估算 1 头孤雌生殖的蚜虫若后代全部成活并继续繁殖的话，半年后蚜虫总数可达 6 亿个左右。强大的生殖潜能是种群繁盛的基础。

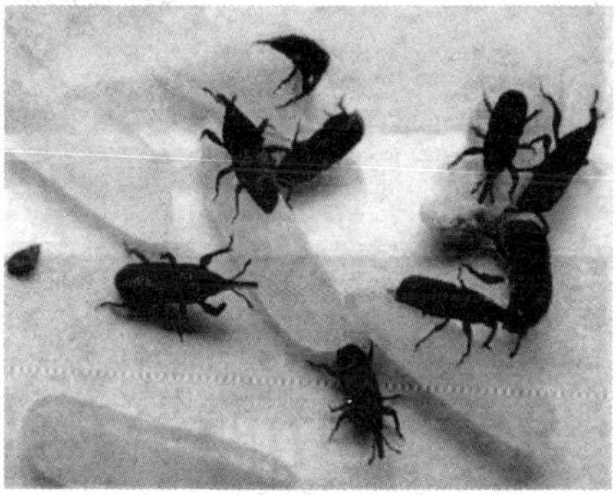

◆一颗大米能供几头米象生存

体小优势——体小只需很少量的食物便可完成发育。例如，一张白菜叶能供上千头蚜虫生活，一粒米就可供几头米象生存。也正由于体小，可使食物成为它的隐蔽场所，从而获得了保湿和避敌的好处。

对于长期的不良环境条件，昆虫可以休眠或滞育，有些种类可以在土壤中滞育几年或更长的时间，以保持其种群的延续。

取食器官多样化——昆虫口器类型的分化，特别是从吃固体食物变成吃液体食物，大大扩大了食物范围，并改善了同寄主的关系——在一般情况下，寄主既不会因失去部分汁液而死亡，也不会反过来影响昆虫的生存。

适应力强——从昆虫分布之广，种类之多，数量之大，延续历史之长等特点我们可以推知其适应能力之强，昆虫无论对温度、饥饿、干旱、药剂等均有很强的适应力，并且昆虫生活周期较短，比较容易把对种群有益的突变保存下来。

昆虫的习性和行为

◆许多夜间活动的虫子总是往亮的地方爬

◆人类发明的捕蚊灯就是利用了虫子的趋光性

【昆虫具有趋性】

趋性是指昆虫对外界刺激（如光、温度、湿度和某些化学物质等）所产生的趋向或背向行为活动。趋向活动称为正趋性，背向活动称为负趋性。

昆虫的趋性主要有趋光性、趋化性、趋温性、趋湿性等。

趋光性——指昆虫对光的刺激所产生的趋向或背向活动，趋向光源的反应，称为正趋光性；背向光源的反应，称为负趋光性。不同种类，甚至不同性别和虫态的趋光性都不同。多数夜间活动的昆虫，对灯光表现为正趋性，特别是对黑光灯的趋性尤强。

趋化性——昆虫对一些化学物质的刺激所表现出的反应，通常与觅食、求偶、避敌、寻找产卵场所等有关。如一些夜蛾，对糖醋液有正趋性；菜粉蝶喜趋向含有芥子油的十字花科植物上产卵；而菜蛾则不趋向含有香豆素的木犀科植物上产卵，表现为负趋化性。

万 花 筒

昆虫具有假死性

假死性是指昆虫受到某种刺激或震动时，身体蜷缩，静止不动，或从停留处跌落下来呈假死状态，稍停片刻即恢复正常而离去的现象。如金龟子、叶甲以及黏虫幼虫等都具有假死性。假死性是昆虫逃避敌害的一种适应。

【昆虫具有群集性】

同种昆虫的个体大量聚集在一起生活的习性，称为群集性。但各种昆虫群集的方式有所不同，可分为临时性群集和永久性群集两种类型。

◆蚂蚁总是群居在一起

临时性群集——是指昆虫仅在某一虫态或某一阶段时间内行群集生活，然后分散。如苹果天社蛾的低龄幼虫行群集生活，老龄后即行分散生活；多种瓢虫越冬时，其成虫常群集在一起，当度过寒冬后即各自分散生活。

永久性群集——往往出现在昆虫个体的整个生育期，一旦形成群集后，很久不会分散，趋向于群居型生活。如东亚飞蝗卵孵化后，蝗蝻可聚集成群，集体行动或迁移，蝗蝻变成虫后仍不分散，往往成群远距离迁飞。

【具有昼夜节律】

由于大自然中昼夜的长短变化是随季节而变化的，所以很多昆虫的活动节律也表现出明显的季节性。多化性昆虫，各世代对昼夜变化的反应也不相同，明显地表现在迁移、滞育、交配、生殖等方面。

知识窗

昼夜节律

绝大多数昆虫的活动，如交配、取食和飞翔等都与白天和黑夜密切相关，其活动期、休止期常随昼夜的交替而呈现一定节奏的变化规律，这种现象称为昼夜节律。

广角镜：世界上有多少种昆虫?

全世界的昆虫可能有1000万种，约占地球所有生物物种的50%。但目前有名有姓的昆虫种类仅100万种，占动物界已知种类的三分之二到四分之三。由此可见，世界上的昆虫还有90%的种类我们不认识。

昆虫不仅种类多，而且同一种昆虫的个体数量也多，有的个体数量大得惊人。一个蚂蚁群可多达50万个体。一棵树可拥有10万头蚜虫。

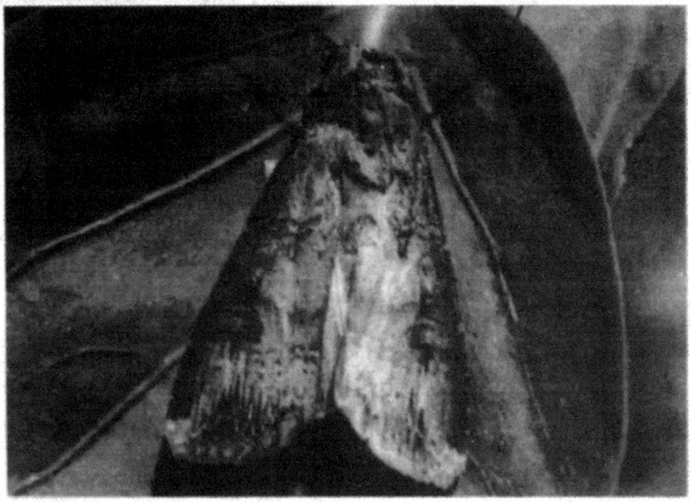

◆小地老虎等绝大多数蛾类，它们均在夜间活动

【拟态和保护色】

一种动物"模拟"其他生物的姿态，以保护自己的现象，称为拟态。这是动物朝着在自然选择上有利的特性发展的结果。拟态可以分为两种主要类型。一种称为贝氏拟态，其特点是被"模拟"者不是捕食动物的食物，而拟态者则是捕食动物的食物。例如大斑蝶的幼虫，因取食萝藦草而使其成虫血液中具有萝藦草中的一种有毒的糖苷，能使取食它的鸟类呕吐；而"模拟"大斑蝶的红蛱蝶则是无毒的，如果鸟曾先吃过红蛱蝶，那么以后大斑蝶也会被捕食，但因吃了大斑蝶的鸟曾中毒呕吐，则该鸟将不敢再捕食这两种蝶类。另一种称为缪氏拟态，即"模拟"者和被"模拟"者都是不可食的，捕食动物只要误食其中之一，则以后两者就都不受其害。如在红萤科、蜂类、蚁类中均可见到这种拟态现象。

◆枯叶蝶是著名的拟态昆虫，具有重要的科研价值

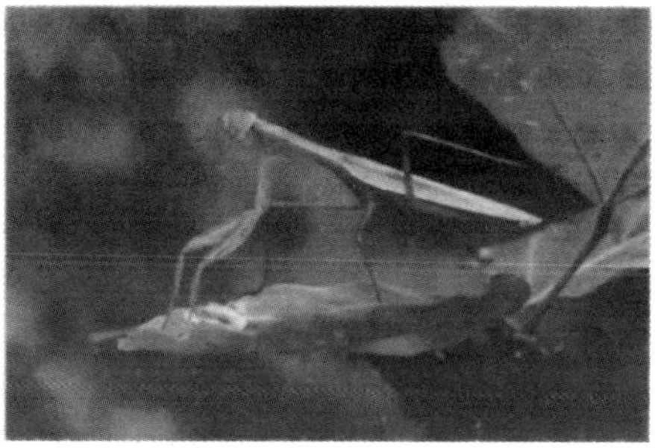

◆螳螂有保护色，有的并有拟态，与其所处环境相似，借以捕食多种害虫

万花筒

警戒色

有些昆虫既有保护色，又有与背景形成鲜明对照的体色，称为警戒色，更有利于保护自己。如蓝目天蛾，其前翅颜色与树皮相似，后翅颜色鲜明并存类似脊椎动物眼睛的斑纹，当遇到其他动物袭击时，前翅突然展开，露出后翅，将袭击者吓跑。

保护色是指一些昆虫的体色与其周围环境的颜色相似的现象。如栖居于草地上的绿色蚱蜢，其体色或翅色与生境极为相似，不易为敌害发现，利于保护自己。菜粉蝶蛹的颜色也因化蛹场所的背景不同而异，在甘蓝叶上化的蛹常为绿色或黄绿色，而在篱笆或土墙上化蛹时，则多呈褐色。

有些昆虫既有保护色，又能配合自己的体型和环境背景，保护自己。如一些尺蛾幼虫在树枝上栖息时，以末对腹足固定在树枝上，身体斜立，体色和姿态酷似枯枝；竹节虫多数种类形似竹枝。

广角镜：中国已知多少种昆虫？

我国幅员辽阔，自然条件复杂，是世界上昆虫种类最多的国家之一。一般来说，我国的昆虫种类占世界种类的十分之一。世界已定名的昆虫种类为100万种，我国定名的昆虫应该在10万种左右，可迄今为止我国已发现定名的昆虫只有5万多种，要赶上世界目前的水平还任重道远。我国还有太多的昆虫新种等待着有志研究昆虫的朋友们去发现、命名、描述它们。

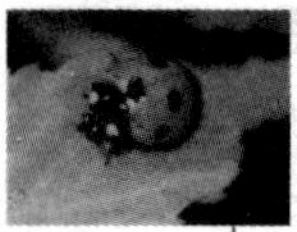

昆虫何以如此多？
——昆虫的繁殖方式

昆虫之所以在地球上能有如此多的数量，这与它惊人的繁殖能力是分不开的。大多数昆虫产卵量在数百粒范围内，具有社会性与孤雌生殖的昆虫生殖力更强，在本章中，我们将向你讲述昆虫以天为被、以地为床的繁殖方式以及生长发育史。

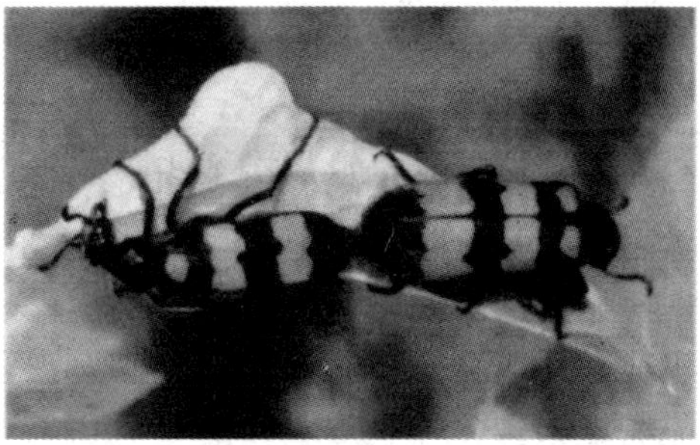

◆两只眼斑芫菁在交尾

多样的昆虫生殖方式

【两性生殖】

雌雄个体经交尾、受精，进行繁育后代。

◆家蚕可以进行单性生殖

昆虫的绝大多数种类进行两性生殖和卵生，即须经过雌雄两性交配，雌性个体产生的卵子受精之后，方能正常发育成新个体。这种生殖方式在昆虫纲中极为常见，为绝大多数昆虫所具有。

【孤雌生殖】

孤雌生殖也称为单性生殖。

这种生殖方式的特点是，卵不经过受精也能发育成正常的新个体。一般又可以分为以下 3 种类型。

知识窗

两性生殖的主要特点

两性生殖与其他各种生殖方式在本质上的区别是：卵通常必须接受了精子以后，卵核才能进行成熟分裂；而雄虫在排精时，精子已经是进行过减数分裂的单倍体生殖细胞。

【偶发性孤雌生殖】

偶发性孤雌生殖是指某些昆虫在正常情况下行两性生殖，但雌成虫偶尔产出的未受精卵也能发育成新个体的现象。常见的如家蚕、一些毒蛾和枯叶蛾等，都能进行偶发性孤雌生殖。

在遇到不适宜的环境条件而造成大量死亡时，行孤雌生殖的昆虫更容易保留其种群。

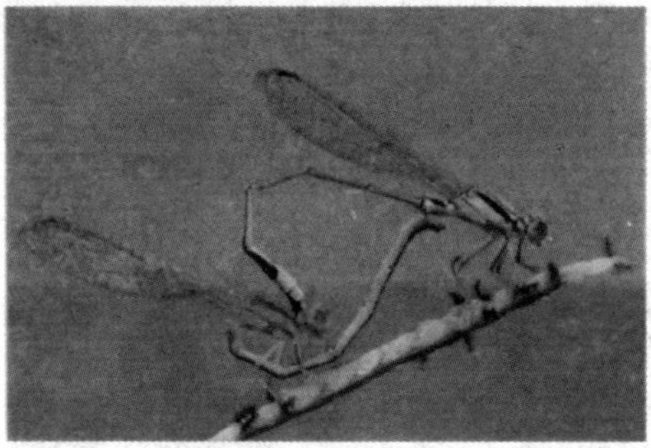

◆太阳刚升起，豆娘就开始在为繁衍忙碌

【经常性孤雌生殖】

经常性孤雌生殖也称永久性孤雌生殖。这种生殖方式在某些昆虫中经常出现，而被视为正常的生殖现象。其特点是，雌成虫产下的卵有受精卵和未受精卵两种，前者发育成雌虫，后者发育成雄虫。

【周期性孤雌生殖】

周期性孤雌生殖也称循环性孤雌生殖。这种生殖方式的特点是，昆虫通常在进行 1 次或多次孤雌生殖后，再进行 1 次两性生殖。如瘿蜂科的一些种类，1 年发生两代，春季世代只有雌虫，行孤雌生殖；夏季世代则有雌虫和雄虫，行两性生殖。周期性孤雌生殖在蚜科中最为常见。如棉蚜从春季到秋末，没有雄蚜出现，行孤雌生殖 10 ~ 20 余代，到秋末冬初则出现雌、雄两性个体，并交配产卵越冬。孤雌生殖是某些昆虫对恶劣环境和扩大分布的一种适应。即使只有

1个雌虫个体被偶然带到新的地区，它也有可能在这个地区繁殖蔓延起来。

【多胚生殖】

多胚生殖是指1个卵内可产生两个或多个胚胎，并能发育成正常新个体的生殖方式。这种现象多见于膜翅目一些寄生蜂类。寄生蜂，在1个寄主内可产卵1～8粒，1次所产的卵有受精卵和非受精卵两种，前者发育为雌蜂，后者发育为雄蜂。蜂卵在成熟分裂后，卵核可继续分裂，极少数种类继续分裂1次，多数种类可进行多次分裂，形成2个或多个胚胎，如寄生在甘蓝上的夜蛾幼虫的多胚跳小蜂可多达2000个胚胎。行多胚生殖的寄生蜂，卵在成熟分裂时，极体不消失，并集中在卵的另一端，继续分裂，形成包围在胚胎外面的滋养羊膜，直接从寄主体内吸收养料供给胚胎发育。

【幼体生殖】

少数昆虫在幼虫期就能进行生殖，称为幼体生殖。这类昆虫因在幼虫期即已具备生殖能力，又行腺养胎生，所以幼体生殖又属孤雌生殖和胎生。其成熟卵无卵壳，胚胎发育在囊泡中进行，在母体内完成胚胎发育而孵化的幼体取食母体组

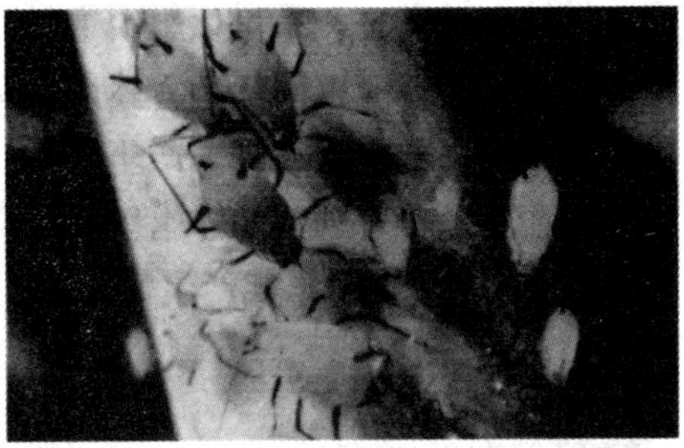

◆蚜虫庞大的队伍与其生殖方式有一定的关系

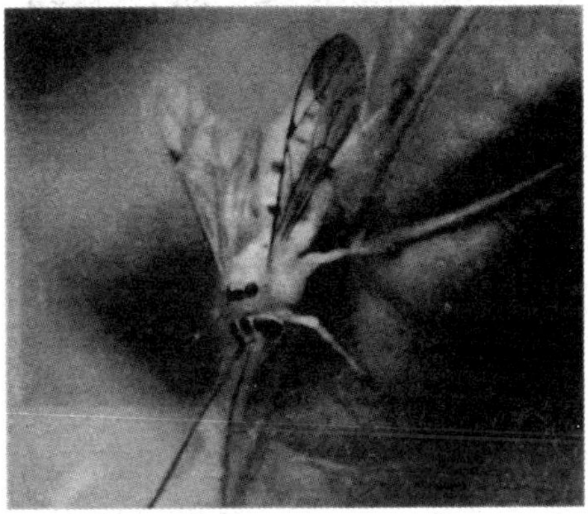

◆棉花的好朋友——寄生蜂

◆桑芽胞内的桑瘿蚊幼

织，继续生长发育，至母体组织消耗殆尽时，幼体即破母体外出进行自由生活，这些幼体又以同样的方式产生下一代幼体。幼体生殖主要出现于瘿蚊科昆虫中，如瘿蚊在夏季产生雌、雄蛹，成虫羽化后交配产卵，行两性生殖，而其余季节则行幼体生殖，因而也是一种世代交替现象。但在两性生殖时，1个母体中只能产生雌或雄，不能同时产生雌、雄两类个体。

广角镜：不伦不类的胎生

◆假胎生的介壳虫

多数昆虫的生殖方式均为卵生，即雌虫将卵产出体外，进行胚胎发育。但有些昆虫的卵在母体内发育成熟并孵化，产出来的不是卵而是幼体，形式上近似高等动物的胎生，但胚胎发育所需营养是由卵供给的，并非来自母体，也无子宫和胎盘之区别，所以又称为假胎生。如介壳虫、麻蝇科和寄蝇科的一些种类。

大型细胞——昆虫的卵

卵是昆虫发育的第一个虫态。卵是一个大型细胞，由卵孔、卵壳、卵黄膜、卵黄、原生质表层、卵壳构成。

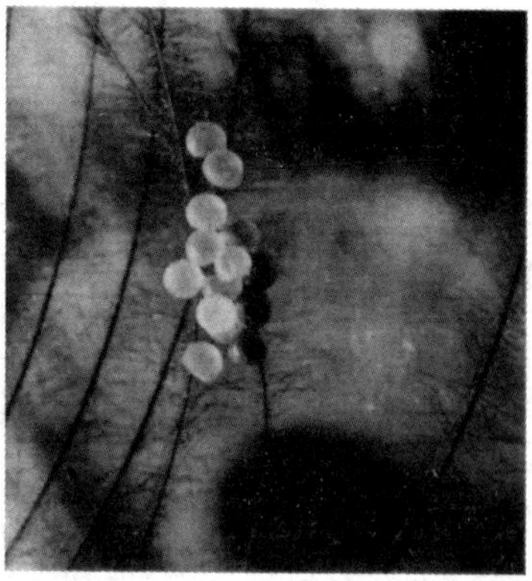
◆晶莹剔透的昆虫卵

昆虫卵的大小种间差异很大，大的可达40毫米，小的如赤眼蜂的卵，长度仅有0.02 ~ 0.03毫米。昆虫卵的形状也是多样的。最常见的卵为圆形和肾形，还有半球形、球形、桶形、瓶形、纺锤形等。草蛉类的卵有一丝状卵柄。有些昆虫在卵壳表面有各种各样的脊纹。昆虫的产卵方式有单个分散产的，有许多卵粒聚集排列在一起形成各种形状的卵块的。

广角镜：杀虫剂能将昆虫卵破坏吗？

卵与杀虫剂的关系：卵壳的不透水性，只能使用酯类药剂或熏蒸剂杀卵；卵壳、卵黄膜的厚度影响药剂的穿透力；卵的发育期影响药效，一般越冬的卵抗药力强，胚胎发育期抗药力弱。所以利用杀虫剂应注意适期适量。

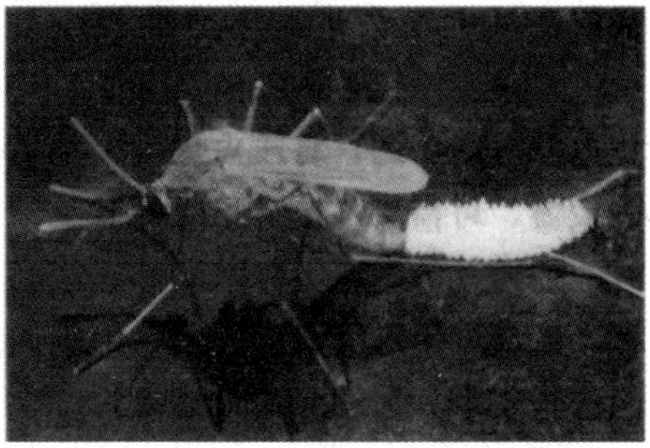

◆微距镜头下好像外星生物的昆虫卵

昆虫从卵孵化为幼虫

昆虫自卵内孵出，到成虫羽化并达到性成熟为止的整个发育过程，称为胚后发育。其中包括幼虫至蛹（或若虫）及成虫性成熟之前的产卵前期等发育阶段。胚后发育所需的时间因昆虫种类不同而异，同种昆虫在不同季节也不相同。如蚜虫只需几天，美国的 17 年蝉长达 10 余年，但多数昆虫的胚后发育一般为数周或数月。

◆小幼虫先把卵壳咬破，爬出卵壳

昆虫胚胎发育到一定时期，幼虫或若虫破卵壳而出的现象，称为孵化。鳞翅目幼虫多用上颚咬破卵壳而出，双翅目蝇科幼虫的口钩也有类似作用。有些昆虫具有特殊的破卵结构，如刺、骨化板，翻缩囊等，这些结构统称为破卵器。

某些没有破卵构造的昆虫孵化，则依靠虫体内部产生的张力。当胚胎发育完成后，有的常将羊膜水吞入消化道，或吸入空气，使虫体膨大，再依靠肌肉活动所产生的压力来挤压卵壳；或借腹部肌肉伸缩，把血液挤向头部，将压力集中头部破卵器以顶破卵壳。如蝽类卵盖周围卵壳较薄，可借头部压力顶开卵盖。

一些夜蛾等的初孵幼虫，有取食卵壳的习性。有些种类在幼虫孵化后，并不开始取食活动，而停在卵壳上或其附近静止不动。

初孵化的幼虫，体壁的外表皮尚未形成。随即吸入空气或水使体壁伸展，这期间还可继续利用包在中肠内的胚胎发育的残余卵黄物质，接着昆虫进行变态，从幼虫成为成虫。

讲解：苍蝇多变的一生

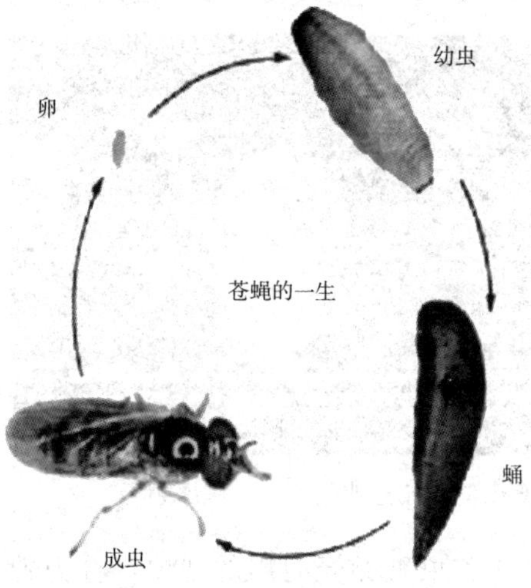

◆苍蝇的一生：卵→幼虫→蛹→成虫

昆虫的一生从体态到生活习性都以多变而著称。例如苍蝇产下乳白色长圆形很小的卵，肉眼几乎不能看见。卵孵化为幼虫柔即蝇蛆，是一种白色、棒状、头胸腹形态不分，也没有足和翅膀或其他器官的幼虫，它不停地蠕动、进食，要蜕掉两次皮，每蜕一次皮就长得更大一些，最后化为不吃不动棕褐色长圆形的蛹。蛹经过一段时期开始羽化，成虫破蛹而出。这种要经过卵、幼虫、蛹、成虫四个形态完全不同的发育阶段的生活史，叫做“完全变态”。

昆虫的变态

昆虫自卵产下起至成虫性成熟为止，在外部形态和内部构造，要经过一系列的复杂变化，从而形成几个不同的发育阶段（虫态），这种现象称为变态。按昆虫发育阶段的变化，变态主要分为下列两大类。

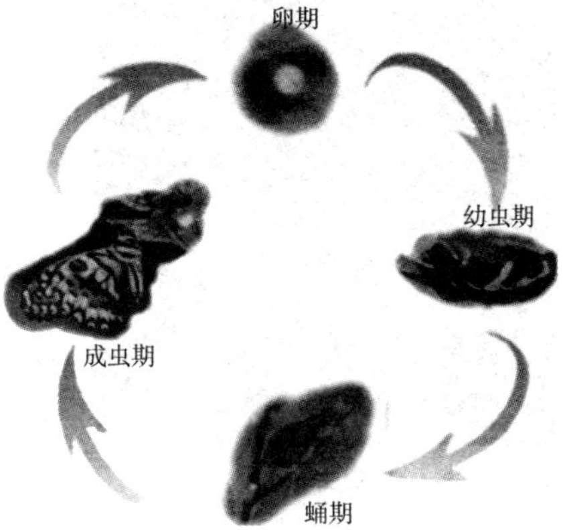

◆蝴蝶的生长发育过程

不全变态——昆虫一生中只经过卵、若虫、成虫 3 个虫期。若虫与成虫的外部形态和生活习性很相似，仅个体的大小、翅及生殖器官发育程度不同的变态方式，称不全变态。

全变态——具有卵、幼虫、蛹、成虫 4 个虫期，其成虫和幼虫在形态上和生活习性上完全不同的变态方式，称全变态。

链接：家蚕的发育

◆家蚕的蛹

蛹期——完全变态昆虫所特有的发育阶段。由幼虫转变为蛹的过程称为化蛹。从化蛹到变为成虫所经过的时期称蛹期。蛹是幼虫转变为成虫的过渡时期，表面不食不动，但内部进行着分解旧器官、组成新器官的剧烈新陈代谢活动。

成虫期——昆虫个体发育的最后一个阶段。不全变态的若虫和全变态的蛹，蜕去最后一次皮而变为成虫的过程称为羽化。成虫主要进行交配产卵，繁殖后代，因此，成虫期是昆虫的生殖期。

做一做：动手养蚕

◆第一步：蚕宝宝的卵

1. 要找一些家蚕的卵，把它放在纸盒里；

2. 小蚕刚从卵里孵出来时，要特别小心地待它，用比较嫩的桑叶喂它；

3. 等它要结茧子的时候，拿些麦秆子扎成枝枝桠桠的形状就可以了。

注意：桑叶要新鲜的，也可以每次采集一塑料袋，分次每天用几张，其余的洒点水装在冰箱里保鲜。

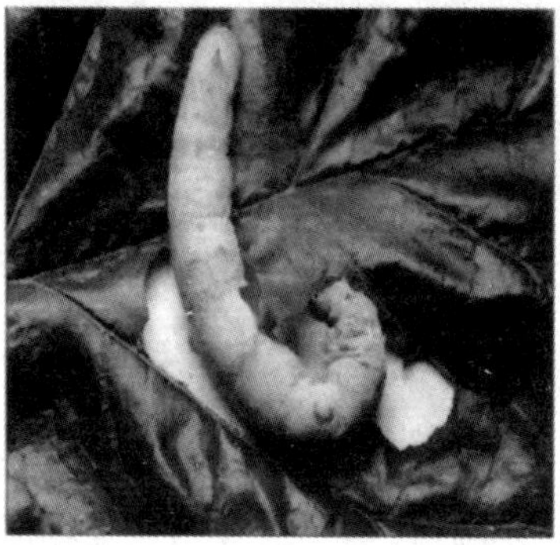

◆第二步：蚕宝宝成虫

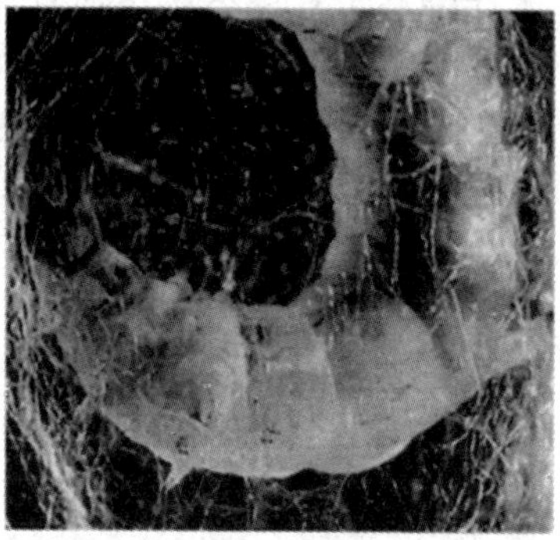

◆第三步：结茧

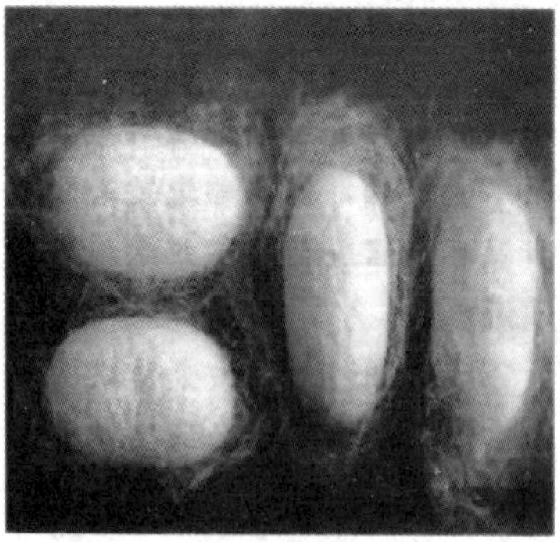

◆第四步：成茧

◆第五步：破茧产卵

广角镜：为什么蚕吐出来的是白色的丝呢？

蚕吃的是绿桑叶，为什么吐出来的是白色的丝呢？蚕体是一座奇妙的“加工厂”。原来，桑叶中含有蛋白、糖类、脂肪和水等成分。蚕吃了桑叶以后，经过消化分解，桑叶中的蛋白质和糖类就变成了绢丝蛋白质，再变成绢丝液，绢丝液从丝腺体里分泌出来，遇到空气以后，就凝固变成了蚕丝。

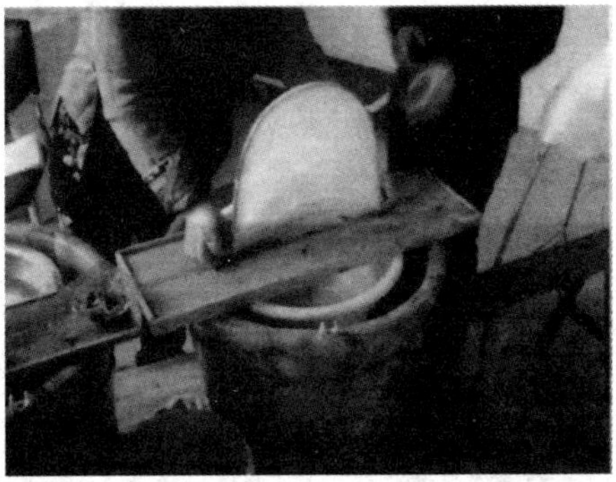

◆一个小小的蚕茧经过加工可以被织成丝

链接：养蚕与中国的“丝绸之路”

蚕丝是中国人的骄傲。相传，养蚕缫丝的方法是4000多年前嫘祖发明的。根据浙江吴兴发掘到的新石器时代碳化了的丝绒、丝带和绢片，说明我国至少在3500多年前已经饲养蚕了。考古工作者还发掘到战国时期的“采桑图”，它描绘了当时劳动妇女采桑养蚕的情景。汉代的养蚕、丝织技术盛极一时，“丝绸之路”把中国的丝织品传到罗马。公元6世纪，有两个在中国住过多年的印度传教士到东罗马去，见到皇帝查士丁尼，提起中国的养蚕法，查士丁尼要他们把蚕种带回来。后来，这两个印度传教士就在新疆一带，把蚕种藏在空心手杖里，带到东罗马。从此，东罗马帝国皇宫里的人就学会了养蚕、缫丝、织绸。

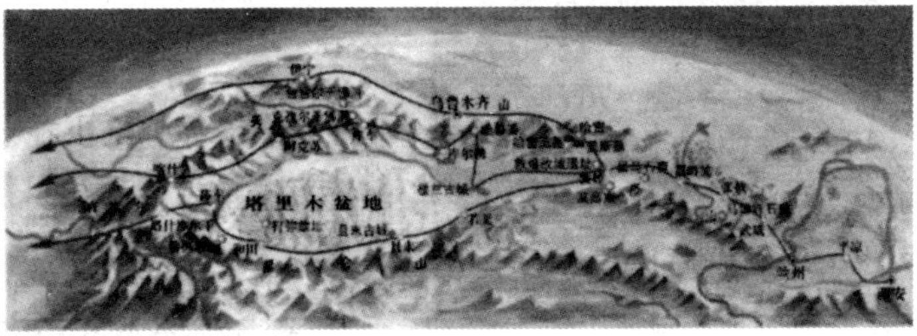

◆闻名于世的丝绸之路

短暂的一生
——昆虫怎样生活

◆冰天雪地的冬季，昆虫们在哪里呢？

昆虫种类这么多，因此，它们的生活方式与生活场所必然是多种多样的，而且有些昆虫的生活方式和生活本能的表现很有研究价值。可以说，从天涯到海角，从高山到深渊，从赤道到两极，从海洋、河流到沙漠，从草地到森林，到处都有昆虫的身影。昆虫生活在什么地方？冬天它们是如何度过的？肚子饿了它们吃什么东西？通过本专章就会让你恍然大悟。

昆虫生活在哪里？

◆马蜂喜欢把爱巢筑在高高的空中

在空中生活的昆虫——这些昆虫大多是白天活动，成虫期具有发达的翅膀，通常又有发达的口器，成虫寿命比较长。如蜜蜂、马蜂、蜻蜓、苍蝇、蚊子、牛虻、蝴蝶等。昆虫在空中活动阶段主要是进行迁移扩散，寻捕食物，婚飞求偶和选择产卵场所。

在地表生活的昆虫——这类

昆虫无翅，或有翅但已不善飞翔，或只能爬行和跳跃。有些善飞的昆虫，其幼虫期和蛹期也都是在地面生活。一些寄生性昆虫和专以腐败动植物为食的昆虫（包括与人类共同在室内生活的昆虫），也大部分在地表活动。在地表活动的昆虫占所有昆虫种类的绝大多数，因为地面是昆虫的栖息处和食物的所在地。这类昆虫常见的有步行虫（放屁虫）、蟑螂等。

◆擅于挖地洞的蝼蛄

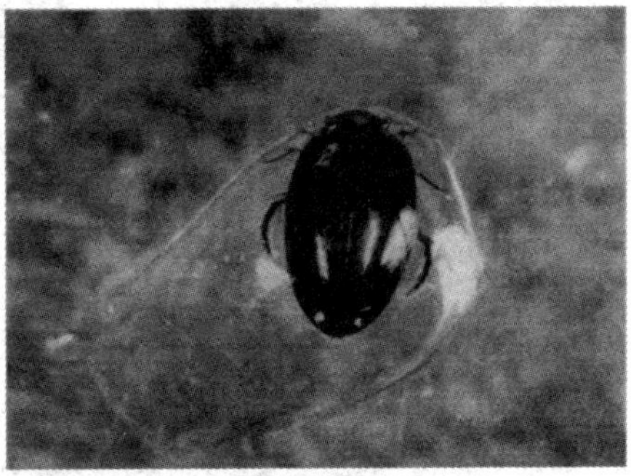

◆爱在水中游泳的龙虱

在土壤中生活的昆虫——这些昆虫都以植物的根和土壤中的腐殖质为食料。由于它们在土壤中的活动和对植物根的啃食而成为农业、果树和苗木的一大害。这些昆虫最害怕光线，大多数种类的活动与迁移能力都比较差，白天很少钻到地面活动，晚上和阴雨天是它们最适宜的活动时间。这类昆虫常见的有蝼蛄、地老虎（夜蛾的幼虫）、蝉的幼虫等。

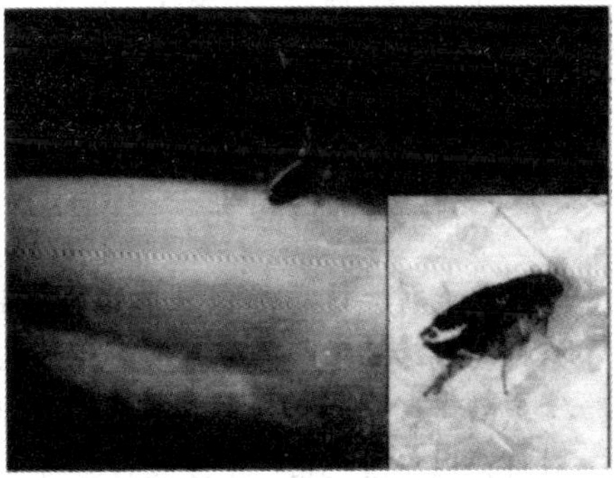

◆小小的跳蚤是昆虫界的“跳高明星”

在水中生活的昆虫——有的昆虫终生生活在水中，如半翅目的负子蝽、田鳖、龟蝽、划蝽等；又如鞘翅目的龙虱、水龟虫等。有些昆虫只是幼虫（特称它们为稚虫）生活在水中，如蜻蜓、石蛾、蜉蝣等。水生昆虫的共同特点是：体侧的气门退化，而位于身体两端的气门发达或以特殊的气管鳃代替气门进行呼吸；大部分种类有扁平而多毛的游泳足，起划水的作用。

寄生性昆虫——这类昆虫的体型比较小，活动能力比较差，大部分种类的幼虫都没有足或足已不再能行走，眼睛的视力也减弱了。有些寄生性昆虫终生寄生在哺乳动物的体表，依靠吸血为生，如跳蚤、虱子等；有的则寄生在动物体内，如马胃蝇。另一些昆虫寄生在其他昆虫体内，对人类有益，可利用它们来防治害虫，称为生物防治。这些昆虫主要有小蜂、姬蜂、茧蜂、寄蝇等。

昆虫短暂的一生

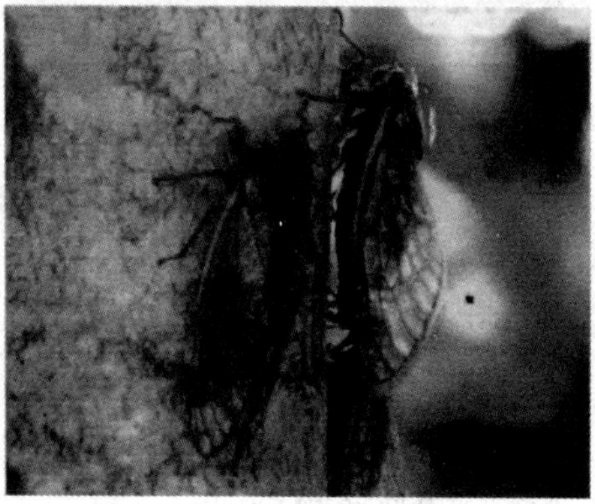
◆ 17年蝉

有些动物的一生要经过几十年，而昆虫的一生往往只在很短的时间里度过。一个个体（无论是卵还是幼虫）从离开母体发育到性成熟产生后代止的个体发育史，称为一个世代。世代也就是从出生到死亡（非意外死亡）的整个发育过程。一种昆虫在一年内的发育史，更确切地说，从当年的越冬虫态开始活动起，到第二年越冬结束为止的发育经过，称生活年史，简称生活史。

万 花 筒

17 年蝉

北美洲一种穴居17才能化羽而出的蝉。它们在地底蛰伏17年始出，尔后附上树枝蜕皮，然后交配。雄蝉交配后即死去，母蝉产卵后也死去。科学家解释，17蝉的这种奇特生活方式，为的是避免天敌的侵害并安全延续种群，因而演化出一个漫长而隐秘的生命周期。

各种昆虫完成一个世代所需的时间不同，在一年内能完成的世代数也不同。有的昆虫一年只完成1代，就称为一化性昆虫；一年发生2代以上的，称为多化性昆虫。有的昆虫一年内能完成很多代，危害棉花的蚜虫一年可完成20 ~ 30代。另外一些种类完成一个世代则往往需要2 ~ 3年，最长的甚至要十几年，如美国的17年蝉。

昆虫冬眠吗?

◆在冬季金龟子的幼虫在土壤中越冬

在冬季，有很多昆虫的成虫全部死光，但蛹、幼虫或卵却存活不死，差不多所有的蝶、蛾等鳞翅目昆虫都是如此。例如三化螟，冬天成虫全部死去，但幼虫存留下来，潜伏在田间残留的稻桩根部；小地老虎的幼虫潜藏在土壤中；避债蛾的幼虫结成茧，用飞丝悬挂在树上随风飘舞。凤蝶是以蛹越冬的，其越冬蛹多藏在树枝上。红铃虫是以幼虫越冬的，它潜藏在摘下的棉铃中或棉花仓库的屋角、墙角或装盛棉花容器的缝隙，甚至清扫棉花的清洁用具的缝隙中。菜粉蝶是以蛹越冬的，越冬的蛹多藏在枯叶、树皮、篱笆、屋檐等处。

原 理 介 绍

以卵越冬

除了蝶蛾类外，家蝇的成虫也死去，以幼虫及蛹过冬的。某些蚊子，如黑白斑蚊，成虫和大部分幼虫都在冬天死去，只留下卵在容器的底部，这些卵的卵壳有特殊的构造，可以抗寒耐旱，到第二年天暖春雨积水后越冬卵孵化为幼虫。蜻蜓是以幼虫在水中越冬的。许多甲虫如金龟子等，则是以幼虫在土壤中越冬的。各种蝗虫的成虫、若虫，都在冬天完全死去，但它在死去之前已在土中产下卵块，所以是以卵越冬的。

但也有一些昆虫，冬季成虫并不死去，而在适宜于它潜藏隐伏的场所越冬。如库蚊（也称家蚊），在冬季成虫虽然死去大部分，但仍有一小部分雌虫留存下来，随着气温的变冷，体内逐渐积聚大量脂肪，隐伏在卧室或畜舍较温暖、阴暗、潮湿的角落中越冬，等待翌年春天，又飞出吸血产卵繁殖。有一些昆虫是可以以两种虫态越冬的，尤其是气候较温暖的温带，冬天并不太冷，往往有两种虫态同时存在，如按蚊（即疟蚊）。有些种类在长江流域地区主要以成虫越冬，但卵也可以越冬。昆虫在越冬期中，不进食，不活动，新陈代谢减低到很低的程度。这段时期称为“休眠”。越冬休眠期间的昆虫个体少，不活动，对外界环境抵抗力弱。

春天昆虫怎样“醒”来?

◆春暖花开的时候，虫子就出动了

◆春天萌芽的嫩苗是虫子的最爱

昆虫“睡”了一冬，到了春天怎样醒来，什么时候才醒呢？大家可能会认为天气暖和了昆虫自然就会苏醒，好像温度是最主要的条件，实际并不那样简单。

【喝足水分方醒来】

昆虫在春季苏醒前，最主要的是先喝足水，因为昆虫在过冬前为了降低冰点，免遭冻死，排出身体内大部分水分，过冬期间又消耗了一些水分；身体内失水太多，就妨碍了正常的生理活动，即便是天气暖和了也不能恢复活动。它们就借身体的表皮、呼吸系统和消化系统等各个能吸收水分的器官，尽量吸收水分，等到身体活动所需要的水分足够了才开始活动。如果春季太干燥，吸不到足够的水分，就会造成大量死亡。棉花三点盲蝽的越冬卵，如果空气湿度在60%以上，5月初就能孵化了，要是水分不够或长久不下雨，它就不孵化，一直等到下雨后才孵化出来。

【食物刺激醒过来】

昆虫的越冬和苏醒时间，因种类不同而大相径庭。一般来说，一年中发生的代数少而食物又单纯的种类，过冬较早；世代多或食性复杂的，过冬较晚。苏醒的时间，主要与所需食物的生长季节有着密切的关系。以卵过冬的蚜虫，只要所需寄主开始发芽，它们就冲破卵壳，挺了出来吮吸嫩芽的汁液。

有人作过这样的调查，玉米钻心虫的越冬死亡率一般都在 50%～60%左右，其中有 50%以上是因春季失水过多死亡的。

昆虫到底吃什么?

食料对昆虫的生活和分布起着决定性的作用。不同种类的昆虫对自己的食料有明显的选择性和适应性。危害白菜的菜青虫，不会去吃玉米；黏虫不会危害白菜；玉米螟不会去吃小麦；松毛虫不会去吃柳树的叶子。有些仓库害虫不会到大田中去为害，某些危害皮毛的害虫，不会去吃粮食。

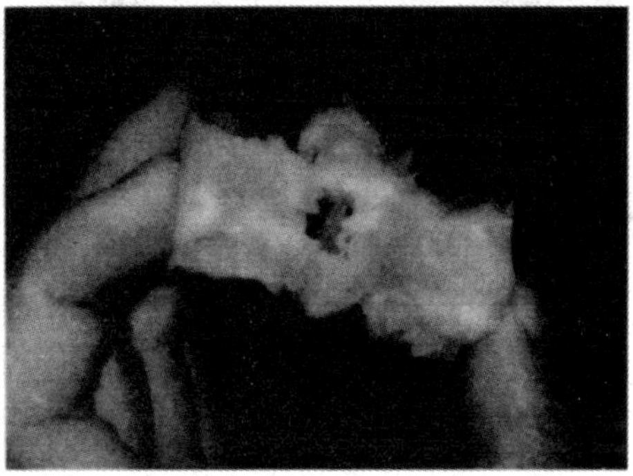

◆苹果蠹蛾的幼虫专门寄生在苹果里

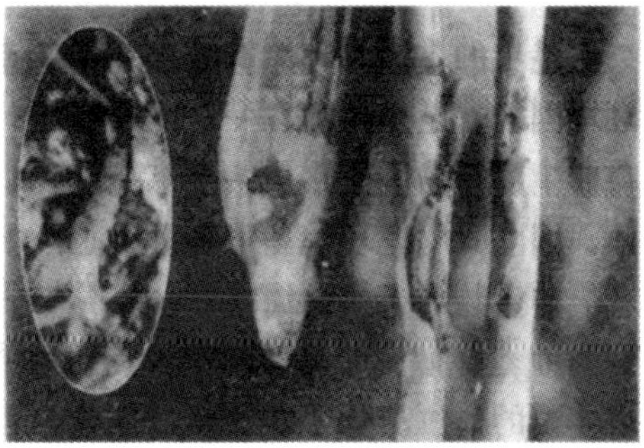

◆寄生在玉米里的玉米钻心虫

昆虫的食物同它们身体的大小、食量和颜色有着密切的关系。偷吃粮食的米象、豆象，为害时整个身体要钻到粮食粒里去，它们的身体就不会超过粮食粒的大小。玉米钻心虫、高粱条螟、天牛幼虫、吉丁虫幼虫等，由于它们幼期阶段都是在植物茎秆里蛀食生活，不接触光线，身体的颜色就多半是白色或者灰白色。

链接：食物对昆虫发育的影响

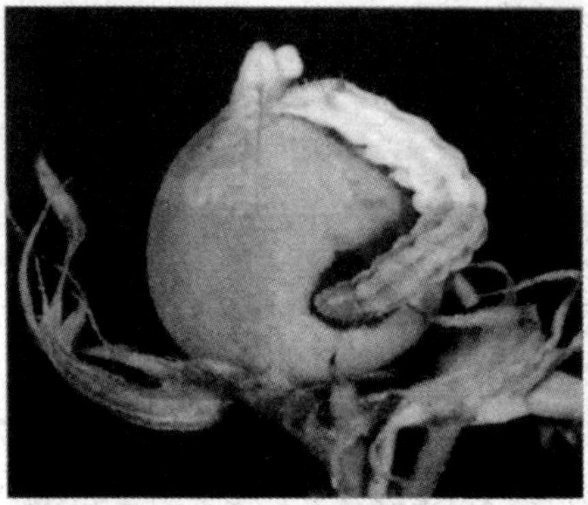
◆玉米的天敌——棉铃虫

昆虫都有它们自己最适宜的食物。尽管多食性昆虫能够取食多种植物，但不同的食物可以影响昆虫的发育速度、存活率、生殖率及滞育等各方面。昆虫取食最喜欢吃的植物时，发育快，死亡率低，生殖力高。同一种植物，由于取食不同器官，对昆虫的影响也不同。棉铃虫取食锦铃发育最好，取食嫩叶则次之，取食蕾又次之，取食大叶最差；棉铃虫幼虫最喜欢吃棉花的繁殖器官，因为繁殖器官含水量最多，含糖量高，对幼虫有强烈的助长作用。

昆虫的生活和环境

昆虫的生活和环境有着密切的关系。影响昆虫生活的环境条件，叫做环境因子。昆虫生活在一定的环境中，环境围绕着昆虫，由各种生物性的与非生物性的因子形成一个互相作用，互相联系，共同影响昆虫生活的总体。因此我们说环境是由各种生态因子构成的。

非生物因子主要由气候的变化和土壤的性质构成；生物因子包括因植物的种类、生长情况和人类以及动物的活动。在这些因素中，人的活动占着主要的地位。除了对气候的变化，目前人们还不能完全改变以外，其他的环境条件都可通过人们的活动而加以改造。环境的改变直接影响着昆虫的生活，但是各种生态因子对昆虫的影响是不相同的。每种昆虫都有适合自己生活的条件，超出了这个范围，对昆虫的生活就要发生不利的影响，甚至造成死亡。

知 识 窗

气候对昆虫的影响

气候包括温度、湿度、风、雨等。其中热和水对昆虫生活的影响最大。就拿温度来说，它可以影响昆虫的活动、生长发育、繁殖、分布和生存。各种不同的昆虫，对于温度都有它的特殊要求。一般昆虫在 5℃～15℃以上才开始活动；昆虫的生长发育在 25℃～35℃的条件下最为适宜，但是当温度上升到 38℃～45℃时，便要进入昏迷状态，超过 48℃～52℃，便会大量死亡。

湿度的变化对昆虫的生活也有相当大的影响。昆虫和其他生物一样，身体中需要一定的水分来维持正常的生命活动，水分不足或者缺少，正常的生理活动便不能进行，以至死亡。湿度对昆虫数量消长的影响很显著。

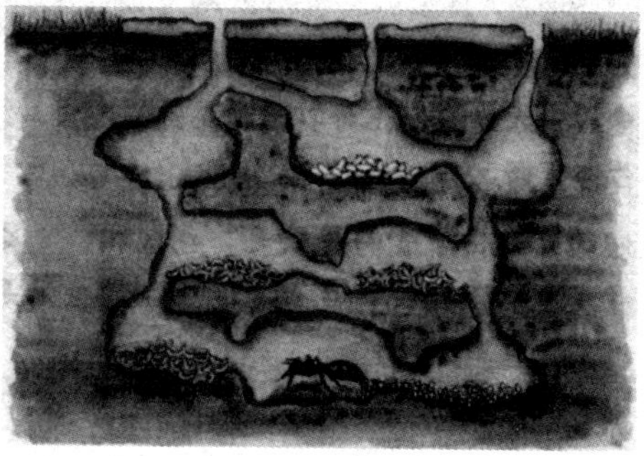

◆只要条件适宜，蚂蚁就会在地底下安家

土壤是昆虫的一个特殊生活环境，与地上环境有很大的不同。沙土、壤土、黏土等土质的不同和酸碱度的不同，都能影响生活在土壤中的昆虫。昆虫有的长时间生活在土中，如蝼蛄；也有的是一个虫期或几个虫期生活在土壤中，如蛴螬、金针虫、地老虎、黏虫的蛹、蝗虫的卵等。昆虫生活在土中的阶段，当然要受到土壤的软硬、干湿和温度以及化学成分的影响。土壤的不同还影响着植物的种类、分布和生长情况，从而间接影响到昆虫的食料和发育。

广角镜：昆虫的天敌

昆虫在自然界的生活中，有许多种天然敌害，其中包括鸟、蝙蝠、蜘蛛、捕食性昆虫和寄生性昆虫，还有不少病毒真菌、细菌等。由于这些天敌的作用，常使昆虫大量死亡，抑制了它们的大量发生，保持着生态平衡。

◆昆虫天敌的存在可以控制昆虫的数量，维持生态平衡

利用害虫的天敌去防治害虫，是一项有效而经济的治虫方法，还能保护生态环境。这种生物防治法在实际应用上已经取得不少成绩。利用大红瓢虫防治介壳虫，利用金小蜂防治红铃虫，就是一些成功的例子。在自然条件下，天敌的数量常常是随着食物的多少而增减的。当蚜虫大量发生的时候，许多种食蚜蝇、草蛉等蚜虫的天敌，由于容易得到充足的食料，就会迅速繁殖起来，大量取食蚜虫。这样，蚜虫的数量便会显著下降。蚜虫数量减少以后，它的天敌由于食料的缺乏，也就相应地减少下来。天敌减少了，不久蚜虫又要大量发生。因此说，昆虫与其天敌的生活是相互制约、相互作用、相互联系着的。

福兮祸所伏

——昆虫给人类带来的灾难

每个家庭居室或多或少都有害虫。那些隐藏在居室各个角落的害虫由于个体小或者数量少，因而没有引起你的注意。只要你在久藏、不常翻动的书籍或纸张里检查一下，你就会见到有小虫在爬动。请你再检查一下不经常穿的毛呢衣服上有没有蛀孔？如果有的话，那肯定有蛀虫藏在衣箱里。甚至在久藏未食的白糖里也有虫，这种虫是肉眼难以看到的。至于庭园花木上有虫，那更是常见的。在这一章里，将向你介绍几种常见的虫害，了解防虫、治虫害的方法。

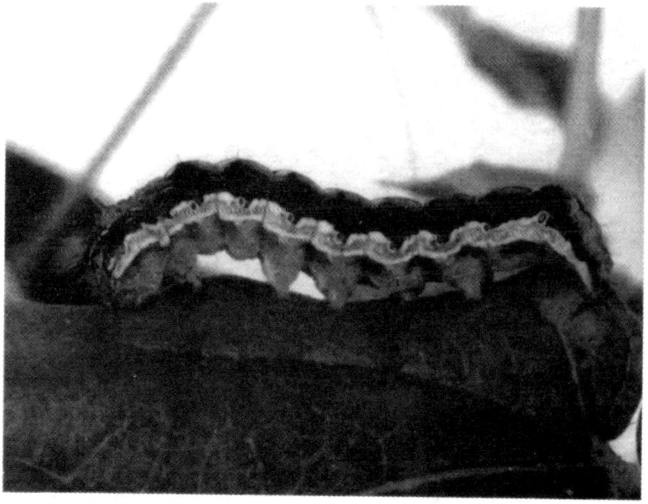

家居大敌——仓储害虫

仓储害虫是指破坏仓储粮食、物品的害虫。粮食仓储害虫全世界有300多种，我国有50余种。仓库害虫的种类很多，最常见的有甲虫、螨、蛾等。此外，玉米象、谷蠹、绿豆象、豌豆象、麦蛾、大谷盗、谷象等也是仓库害虫。其特点是食性广，耐饥饿，耐干燥，繁殖力强，生活周期短，大多为世界性分布。仓储类害虫以甲虫类为主，其次是鳞翅目的，每年给粮食造成的损失不亚于一场大的自然灾害。

仓储害虫“匪首”——甲虫

鞘翅目的昆虫就是甲虫。这一目是昆虫里最大的一目，也是动物界里最大的一目，约有35万种之多。除了海洋以外，世界各地无论是高山、平原、河川、沼泽、土壤里都有它们的踪迹。如金龟子、天牛、象鼻虫等。

◆甲虫是鞘翅目昆虫的统称，身体外部有硬壳，前翅是角质，厚而硬，后翅是膜质

鞘翅目昆虫，35万种以上，成为动物界中最大的目。主要特征是，它们特殊的前翅，已变成硬的鞘翅，覆盖在能飞的后翅上。鞘翅目包括一些最大的和最小的昆虫，而且是分布最广的昆虫目。多以动、植物为食，但也有以腐败物质为食者。有的成虫和幼虫可能毁坏作物、木材、纺织品以及传播寄生虫和疾病。有的吃害虫而对人类有益。

知识窗

甲虫的主要特征

甲虫和其他的昆虫一样，身体分头、胸、腹三部分，有6只脚。它们最大的特征是前翅变成坚硬的翅鞘，已经没有飞行的功能，只是保护后翅和身体。

甲虫飞行时，先举起翅鞘，然后张开薄薄的后翅，飞到空中。翅鞘的颜色花样多变化，有发金光的，有带条子像虎纹的，有带斑点像豹皮的，也有的是杂色图案。有些甲虫的翅鞘连在一起，后翅退化，不能飞了，像步行虫就是。

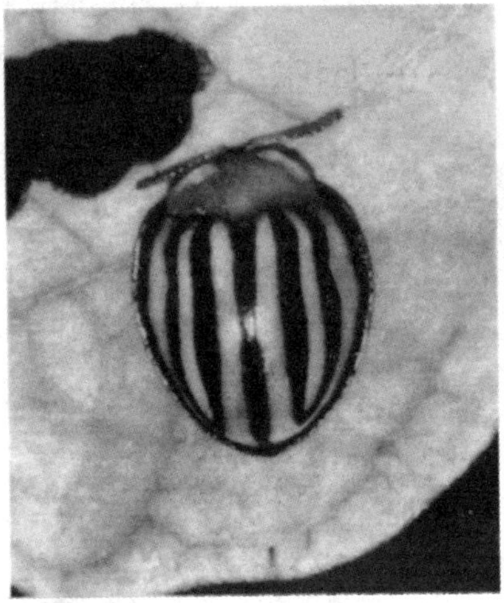

◆有的甲虫拥有漂亮的外表

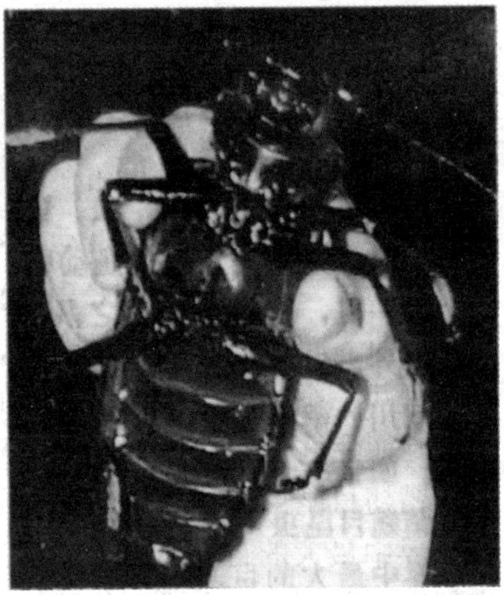

◆这是世界上最大的甲虫

甲虫的大小差别很大，小的像龙毛蕈虫只有0.25厘米长；最大的像天牛，有20厘米长。雄的甲虫通常较雌的小。

甲虫的头部有一对触角，触角的形状、长短不一，大都分为10～11节；有棍棒状、锯齿状、念珠状、丝状、腮叶状、膝状等。雄的触角比雌的发达。口器的构造适合咀嚼，也有的适合吸食汁液。腹部通常有10节，但有的节退化或变形，所以只能看到8或9节。

随生活习性的不同，它们的脚构造也不同。有的腿节发达，适合跳跃；有的有游泳毛，适于游泳。甲虫是完全变态的昆虫。它们的生活史里有卵、幼虫、蛹、成虫4个阶段。卵的大小和数量各不相同。隐翅虫的卵很大，但每次只产数个；地胆科的卵很小，但每次产数千个。还有的把卵产在泥土里或水里。

广角镜：珍惜昆虫——光明女神蝶

◆光明女神蝶

光明女神蝶：是世界上最美丽的蝴蝶。其前翅两端的蓝色有深蓝、湛蓝、浅蓝不断的变化，整个翅面犹如蓝色的天空镶嵌一串亮丽的光环，给人间带来光明。它的形状、颜色都是无与伦比、无可挑剔的美丽，为极品蝴蝶。产于南美秘鲁，是亚马孙河流域的瑰宝。雄体全翅放射着宝蓝色光辉，璀璨夺目。是蝴蝶收藏的极品蝶种。外观上，雌性和雄性的差别不大。雌性稍小，且翅膀蓝色略带紫色；雄性则为亮蓝色，翅膀上的白带稍细些。

“光明女神蝶”生活在南美的秘鲁亚马孙河流域，现在已基本绝迹，标本每只价值36万元。

粮仓内最厉害的贮粮害虫——谷蠹

谷蠹也叫“米长蠹”，贮藏谷物的重要害虫，长蠹科。成虫体长约2.6毫米，暗褐色，头部隐藏在前胸下面与胸部垂直，触角末端3节膨大呈片状；前胸圆筒形，背面有小刺。幼虫体形弯曲，头部细小，胸部肥大，全体有淡黄色绒毛。一般年生2代。成虫及幼虫危害谷粒、豆类、面粉等。成、幼虫蛀害粮食粒成空壳，引起储粮发热霉变，是粮仓内最厉害的贮粮

◆谷蠹可以将粮食蛀空

害虫之一。

谷蠹是一种世界性的储粮害虫，危害各种储藏的粮食。在热带和亚热带地区，由谷蠹所造成的储藏谷物的重量损失要比玉米象或谷象大得多。谷蠹幼虫是蛀食性的，在粮食内部发育，被害的粮粒蛀成空洞。谷蠹还有钻蛀木头的习性，喜在木板内潜伏、化蛹，对仓库木质结构有严重的破坏。

原理介绍

小麦受谷蠹引起的危害

谷物种子的发芽是从胚部开始的。胚中储存了包括蛋白质、酶、维生素等生物活性物质，而这些生物活性成分正是种子发育的重要前提，当谷蠹进入种子内部之后，主要对胚部产生危害。据报道，害虫在粮食籽粒内部的首选营养物质是蛋白质，包括酶。因此当小麦被害虫感染后，其胚中的生物活性物质会被害虫破坏或利用，从而使种子最终丧失活力。被谷蠹危害的小麦的发芽率、发芽势呈下降趋势，并且随着虫口密度的增大和危害时间的延长，下降幅度增大。

玉米主要害虫——印度谷螟

印度谷螟是危害性很大的蛾类。食性很广，几乎危害每一种植物性仓储物。对粮食、干果、蜜饯、坚果危害尤重。也能为害鲜果。为害特点是幼虫吐丝结网，把被害物连缀成团，藏于其中为害，排出异味粪便，污染食物。大发生时往往连成1片白色薄膜，遮盖在被包裹物上。

这种害虫年生4～6代，北方3～4代，以老熟幼虫在室内阴暗缝隙中

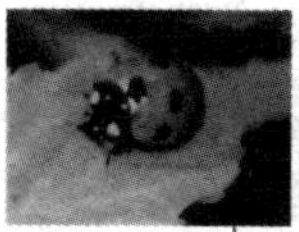

或壁角内越冬，翌年春化蛹，羽化为成虫后即交尾产卵，卵多产在粮堆表面或包装物缝隙之中，每雌产卵 39 ~ 275 粒，卵期约 10 天，幼虫孵化后钻入为害，开始在堆垛的表层，后向下移至下半部，幼虫期 22 ~ 35 天，部分滞育幼虫能存活两年。幼虫老熟后爬到被害物表面或墙缝处结茧化蛹，蛹期 14 ~ 21 天，完成 1 个世代需 40 ~ 60 天。北京 5 ~ 9 月成虫陆续出现，连续发生危害严重。

◆印度谷螟，属鳞翅目，螟蛾科

◆昆虫性诱剂可以用来吸引杀灭害虫

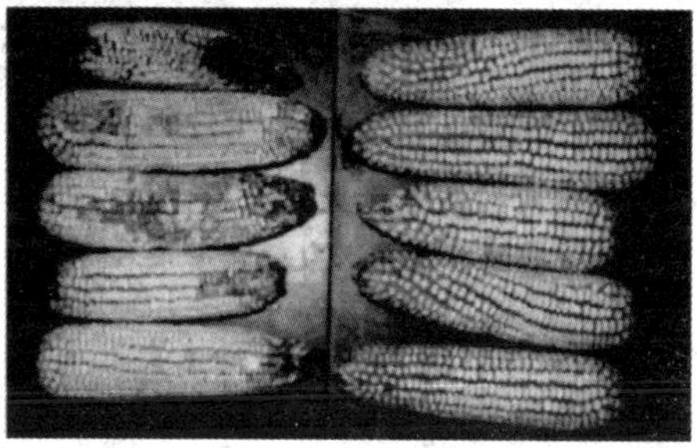

◆遭到玉米螟侵害的玉米

印度谷螟成虫善飞翔，易重复感染，大面积发生防治困难。幼虫食性复杂，危害严重，不但危害粮食及其制品，还能危害各种农副产品及动植物药材、干鲜果品、皮毛等，是极危险的仓储害虫。在自然界中，印度谷螟雌性成虫在性成熟后，会释放一种叫性信息素的化合物，它释放至空气中后随气流扩散，刺激雄虫触角中的化学感觉器官，引起雄性个体性冲动及引诱雄虫向释放源定向飞行，并与释放雌成虫交配以繁衍后代。因此，昆虫性诱剂产品是仿生高科技产品，通过诱芯释放人工合成的性信息素化合物，并缓释至仓库，引诱雄蛾至诱

> 信息素是生物体之间起化学通信作用的化合物的统称，是昆虫交流的化学分子语言。

捕器，并用物理法杀死雄蛾，从而破坏其交配，最终达到防治的目的。

小资料：玉米的贮藏方法

◆在北方农村随处可见的玉米棒子，老百姓把玉米晾晒在屋檐下来储藏玉米

玉米的贮藏方法在我国，北方以防霉为主，南方以防虫为主。玉米的贮藏方法有粒藏与穗藏两种，国家入库的玉米全是粒藏，农户大都采用穗藏方法。

（1）穗藏是一种典型的通风穗藏，在华北和东北地区，由于收获玉米时温度较低，高水分的玉米穗藏具有很大的优越性。经过一冬自然通风，来年4～5月份玉米水分可降至12%～14%。（2）粒藏的第一步是要控制玉米入库水分，要求入库玉米水分含量在13%以下，另外可以针对玉米胚大、呼吸旺盛的特点，采用缺氧贮藏，或根据实际需要，采用双低贮藏、三低贮藏等方法或采用缓释熏蒸法等综合方法贮藏，防止玉米堆发热、生霉、生虫。

土法防治仓储害虫

【花椒防虫】

用干净纱布包50克花椒放在贮存小麦或大米的缸中间（每50克花椒可储存小麦或大米200千克），可防虫。

【白酒储粮】

把装有100克白酒的酒瓶，用纱布扎好瓶口，放入距缸底部30厘米深处，装满粮食即可。

◆花椒可以用来防米虫

◆菖蒲，艾草，这两者都有驱虫辟邪的作用。每到端午家家都有“蒲艾簪门”的习俗

【柚子皮储粮】

用小刀将柚子黄绿色表皮削下来，及时晒干后备用。在各种豆类中按每50千克放入干柚子皮1000克，充分拌匀，加盖密闭熏杀害虫。每隔3个月检查翻动一次，可一年内不生虫，食用安全，不影响发芽率。

【海带防虫】

将晒干的海带混放在粮食中，一周后海带可吸收粮食中的部分水分，并可杀灭粉螨及蛾类害虫。海带取出晒干后还可重复使用，且不影响其食用价值。

【菖蒲和艾草防虫】

取新鲜菖蒲和艾草，洗净晒干，每500千克粮食中分别按上、中、下铺放三层，即可达到驱虫、杀虫的效果。

挖建筑物墙角的能手
——白蚁

◆白蚁像是过街老鼠，人人喊打

白蚁亦称虫尉，坊间俗称大水蚁，因为通常在下雨前出现，故得此名。这是等翅目昆虫的总称，约3000多种，可在热带及亚热带地区找到它们的踪迹，在地球上生存了2.5亿年之久。属节肢动物门，昆虫纲，等翅目，为不完全变态的渐变态类并是社会性昆虫，每个白蚁巢内的白蚁个体可达百万只以上。白蚁对人类有什么坏处，为什么人们会谈“蚁”色变，通过本章的阅读就会对白蚁的罪状有所了解。

白蚁——遍布全世界

> 白蚁遍布于除南极洲外的六大洲，其主要分布在以赤道为中心，南、北纬度45度之间。

全世界已知白蚁种类有3000余种，据美国科学家的电脑模拟分析，全球白蚁资源数量人均约占有500千克，而以白蚁的个体重量1克为计算，人类拥有的白蚁个体数人均约有50余万头，确是一个耸人听闻的数字，事实确实如此。

我国地处亚洲东部，跨东洋区和古北区两大动物地理区系，白蚁种类异常繁多，已知的有476种，其中危害房屋建筑的白蚁种类有70余种，主要蚁害种有 19 种。白蚁在我国的活动分布主要在淮河以南的广大地区，向北渐渐稀少，往南逐渐递增，全国除新疆、青海、宁夏、内蒙古、黑龙江、吉林等省（区）外，其他省（区）都有其分布记录。我国白蚁分布的北界呈东北向西南方向倾斜，最北的分布是在辽宁的丹东和北京地区，至西藏墨脱一线为界，其东南部是我国白蚁的分布区，约占全国总面积的 40%。

名人介绍：专家研究发现炭棒菌能指示白蚁巢穴

炭棒菌的头呈鹿角、躯干呈炭棒状。这种菌高 10 余厘米，刚长出来时呈灰色，后期变为黑色。炭棒菌一般四五只一群，或密或疏。炭棒菌是蚁巢死亡或衰亡的指示菌。为什么炭棒菌能指明蚁巢呢？白蚁巢穴是一个蕴含多样菌种的营养基。白蚁活动，会抑制炭棒菌生长。白蚁衰亡或死亡后，只要环境和气候适宜，炭棒菌就会生长，可以穿透几米深的土层露出地面。因此可以根据炭棒菌的生长来判断蚁穴。

◆专家正在对长出地面的炭棒菌进行观察

“白蚁王国”的奥秘

白蚁过着群体生活。在它的群体中，有一种很严格的品级制度，固守着特定的职能，人们称之为“白蚁王国”。

在王国中至高无上的统治者是蚁王和蚁后，专司交配、产卵，终年过着养尊处优的生活。王国内的建设者是工蚁，专门负责筑巢、修路、取食、运水、护卵和饲喂等繁重的事务，从无怨言地辛勤操劳一生。兵蚁是王国内的忠实保卫者，以它独特的上颚形成带锯状的剪刀牙用来夹击来犯之敌，以无所畏惧的拼搏风格，决不退缩直至以身殉职。在白蚁王国中，数百万头成员组成一个庞大的家族，其成员间有条不紊的组织分工和协调，复杂奇特的消化纤维素的本领，每年繁殖婚飞季节出现的喧闹场面，工蚁高超的筑巢本领，蚁后像机器般的高速度产卵能力，看来似乎难以置信。

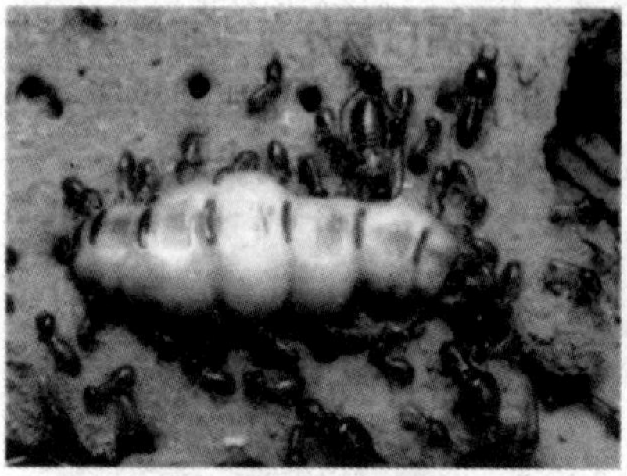

◆白蚁巢穴里面的蚁王、蚁后（躯体白色的为蚁后，圈出的是蚁王）

◆“人蚁大战”活捉的25岁蚁后、蚁王

小知识：白蚁的天敌——食蚁兽

◆食蚁兽长长的鼻子可以直捣白蚁巢穴

在自然界中，白蚁与生态系统中其他生物之间存在着多种多样的联系，除了共生关系能维持白蚁的生存外，被其他生物所捕食或寄生的敌害关系，则成为抑制白蚁种群数量增长的一个重要因素。

巢穴内的许多真菌、细菌和病毒等微生物能引起白蚁蚁体疾病，导致白蚁个体的死亡，直至全巢覆灭；寄生的螨类能爬在白蚁的头及躯干上吸食其体液，使白蚁个体在24小时内死亡，这种对白蚁具有杀伤能力的寄生螨，抑制白蚁数量的增长起到积极的作用。巢穴外的自然界中，存在着许许多多能捕食白蚁的动物，如啄木鸟、画眉鸟等食虫鸟都非常喜欢啄食白蚁，是空中捕食白蚁的好手；蚂蚁、蜥蜴、青蛙、壁虎等地上爬行的动物，常以白蚁为饵料，有效地抑制着白蚁种群群体数量的密度；黑猩猩、穿山甲、鸭嘴兽、食蚁兽等大型动物，更是能直捣蚁巢，善于挖洞捕食白蚁，每天都要吃下相当数量的白蚁，作为一种天然的美餐饱食一顿，如一只未成年的食蚁兽，每天就要取食453.6克的白蚁。白蚁在自然界中的天敌众多，这是生物生存在自然界中的相互制约的生物链关系，维持着地球上生态系统的正常发育和保持平衡。

白蚁的形态特征

白蚁是等翅目的昆虫，因而具有昆虫的基本特征。其体躯分头、胸、腹三部分。头部可以自由转动，生有触角、眼睛等重要的感觉器官，取食器官为典型的咀嚼式口器，前口式。胸部分前胸、中胸、后胸三个体节，每一胸节分别生一对足。有翅成虫的中、后胸各生一对狭长的膜质翅。前、后翅的形状、大小几乎相等，等翅目的名称就由此而来。腹部10节，雄虫生殖孔开口在第9与第10腹板间；雌虫第7腹板增大，生殖孔开口于下，第8和第9腹板则缩小，多数种类有一对简单的刺突，位于第9腹板中缘，第10腹板两侧生有一对尾须。

◆白蚁的有翅成虫和幼虫

◆黑翅土白蚁喜欢生长在农业环境中，如果园、苗圃等

白蚁体躯几丁质化的程度随着不同种类有不同变化，一般有翅成虫的体壁几丁质化高，且硬，工蚁体壁几丁质化较浅，而软。体躯的毛随种类而异，有多有少，有的近于裸露。体色由白色、淡黄色、赤褐色，直到黑色。白蚁体长一般由几毫米到10多毫米，有翅成虫约为

10 ~ 30毫米，但多年生蚁后可达60 ~ 70毫米，有的种类甚至达100毫米。

白蚁的生活史

乳白蚁的生活史（大）

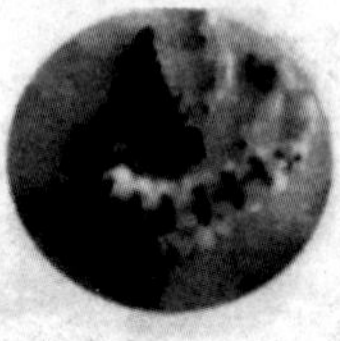
蚁王

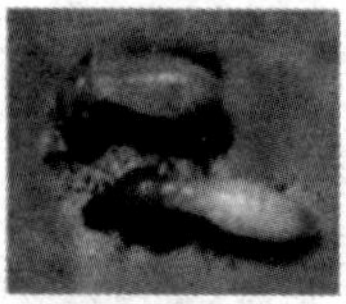
工蚁（上）兵蚁（下）

分飞时的白蚁

◆白蚁群体

白蚁的生存繁衍、延续种族靠繁殖蚁（有翅成虫）来完成。每年4 ~ 6月份是白蚁群体的繁殖季节，成千上万头带翅膀的繁殖蚁从原群体蚁巢中迁飞出去，脱翅后的成虫雌雄个体结成配偶，一旦有适宜的地方就会生存下来，创建新的群体，这就是又一代白蚁群体的开始。

白蚁的脱翅繁殖蚁婚配后约一星期就开始产卵，壮年的蚁后每昼夜产卵量可达数万粒，蚁卵孵化为幼蚁的过程为20天左右。从脱翅繁殖蚁产卵至第一龄幼蚁的诞生，大约需一个月的时间，幼蚁经过几次蜕皮，约一个月即可变为成年的工蚁和兵蚁。一个成熟的白蚁群体以脱翅繁殖蚁婚配起至群体内首次产生下一代有翅成虫，约需7 ~ 10年的时间，即可再次分飞繁殖。

在白蚁50年至80年的群体寿命中，几乎一年365天里，周而复始，延续着其种族的繁荣和生存。

讲解：白蚁 = 蚂蚁?

白蚁不论外貌特征与生活习性都和蚂蚁极为相似，在外形上，它们都是体形很小的多型性昆虫，都营社群性生活，且都有搏斗的习性。所以不少人以为白

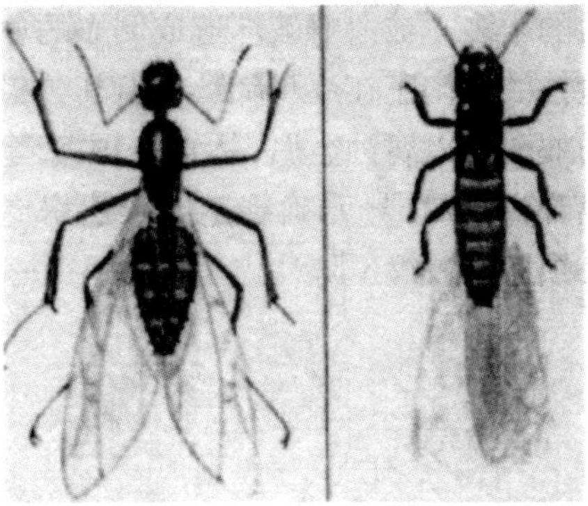

◆左边的是蚂蚁，右边的是白蚁，你看出区别了吗？

蚁是蚁类的一种，甚至连名称中也冠以“蚁”一字，许多人认为，白色的蚂蚁就是白蚁，其实并非如此。色泽不能作为区别白蚁与蚂蚁的依据。

它们之间是有区别的，特别是白蚁的有翅成虫与蚂蚁的有翅成虫在形态上就明显不同。白蚁的触角是串珠形的，蚂蚁的触角则是曲膝形的。白蚁前后翅膀的形状和大小都相似，比身体长；蚂蚁的前翅膀却比后翅膀大，翅膀的长度与身体差不多。再从腹面来看，白蚁各节的粗细都几乎相等，蚂蚁则是基部很细，有较细的腰节。在分类学上，白蚁隶属于等翅目，是更为古老的低等昆虫，在地球上出现的时期为距今25000多万年前的古生代晚期。

白蚁被昆虫生理生态研究中心列为世界性五大害虫之一，一些地方把白蚁称为“无牙老虎”。

诉说白蚁的“罪状”

白蚁对建筑物的破坏，特别是由于其隐蔽在木结构内部破坏其承重部位，往往造成房屋突然倒塌，导致财产损失和人员伤亡，引起人们的极大关注。据统计，南方砖木房屋40% ~ 50%有白蚁危害。许多著名的历史文化景点如天宁寺、护王府、清凉寺等均遭遇过不同程度的白蚁危害；据调查统计，上海全市有白蚁危害的文物古迹占总数的80%左右。而全国每年因白蚁危害造成的损失约达20亿元人民币。近年来，随着钢筋混凝土建

◆白蚁防治人员展示被白蚁侵蚀的木头

◆被白蚁啃噬的木柱，轻轻一敲就会破碎

筑的增多，被白蚁破坏造成倒塌的危险性的比率正在逐步降低，但其分泌的蚁酸可以腐蚀金属，因此，国家建设部令第72号明确规定：新建房屋必须进行白蚁预防。

万花筒

可恶的白蚁

白蚁对铁路交通有破坏作用，据资料显示，南方约有80%的木制铁路枕木受到白蚁危害，给交通安全留下隐患。白蚁还可以危害甘蔗、花生等农作物，尤其对甘蔗的危害十分严重。白蚁还能危害图书、文物、织物、武器、钱币、地下电缆等，造成重大损失。

白蚁还能对木制家具形成危害，根据室内装饰装潢所用的木构件有逐年增多的趋势，这样也为白蚁提供了良好的食料条件，室内受白蚁或其他城市害虫危害的例子比比皆是，给居民群众带来了许多烦恼。

最可怕的是白蚁对水利工程的破坏，在我国南方的许多河流、水库上都建有土坝，这些土坝往往栖居土白蚁属等种类的白蚁群体。它们在堤坝内密集营巢，迅速繁殖，菌圃星罗棋布（家白蚁除外），蚁路四通八达，有些甚至穿通堤坝的内外坡，当汛期水位升高时，常常出现管漏险情，有时甚至造成堤坝塌垮。

小故事：谁盗走了白银?

我国古典书籍《天香楼外史》曾记载了一个白蚁吃白银的故事。文中说某妇人私房藏白银150两，一日查看，发现白银不翼而飞、不知去向。惊恐之余，冥思苦想，找不到被盗窃的蛛丝马迹。再细看藏白银的木箱，已被白蚁蛀得破烂不堪，还看见一大堆白蚁“正团团结在一起，正吃残存银两”。妇人一气之下，将白蚁一股脑儿扫进簸箕投入炉内，以解其恨。不料一阵旺火之后，白蚁尽死，白银复出，称之150两，分毫不少，惊得妇人目瞪口呆。

原来，白蚁有吃白银的习性。白蚁用它分泌的蚁酸（又称甲酸，化学式为HCOOH，是重要的化工原料。最初的蚁酸是由蒸馏蚂蚁而制得的，因为蚂蚁的分泌物中含有蚁酸，故而得名）溶解白银，并与之反应生成黑色的甲酸银。甲酸银留在白蚁的消化道内并不排泄出去，所以烧死白蚁，白银失而复得，不足为怪。

一起抵御白蚁

最易被住户直观的症状是白蚁的繁殖分群季节，我国的江淮地区一般在每年的4月中旬至5月下旬这段时间内，一旦天气比较闷热时，成熟的蚁群会产生大量的繁殖蚁进行分群，正常的年份每年出现1～2次分群高峰。而随着气候逐年变暖、园林绿地日趋增加、居民住房条件改善和物流人流活动频繁，白蚁活动周期发生了变化，近年来，白蚁繁殖分群高峰次数明显增加。

◆这是在洞穴发现的白蚁巢

◆白蚁防治可以在储藏木材前喷洒消杀白蚁的药品

白蚁的分群繁殖是一种自然规律，住户一旦发现自己的家中有分飞的繁殖蚁时，不必惊慌，正确的处置方式将门窗紧闭，清扫一堆后用开水烫死，可防止繁殖蚁飞出后建立新的蚁群。白蚁的灭治需要有专业的技术、专用的工具和有效的药物，专业技术人员会根据现场的具体情况，白蚁的种类和蚁害的程度等对症处置，因此住户要注意保护好现场，切勿乱动白蚁的出飞孔，值得注意的是自行用从社会上购置的杀虫剂是难以有效消杀隐藏在地下或墙体内蚁巢中大量白蚁的，反而会造成蚁害的扩散蔓延，给有效而彻底地灭治白蚁带来困难。

原 理 介 绍

白蚁身处何处？

大多数白蚁喜欢生活在较潮湿的环境中，枯木材、地板、木门框、墙支柱、篱笆栅栏、天花板、木质墙裙、木壁框等都是它的危害活动的对象，由于白蚁活动方式隐蔽，初期危害的外露症状不是十分明显，住户一般不易发觉，待其活动危害至5～7年后，被害处已被白蚁蛀蚀十分严重时，才会出现如蚁路、泥被、分群孔、通气孔、排泄物、巢壁或内置菌圃腔等外露症状，必须仔细观察才能发觉。

白蚁难道一无是处吗？

白蚁不仅对人类有害，而且对人类也有益，在自然生态规律中，如能抑制其有害的一面，利用其有益的一面，势必会提供给人类更丰富的资源。

白蚁本身可供食用，巢内菌圃所滋生的鸡纵菌更是美味佳肴，我国云南少数民族地区至今仍有食白蚁或有翅繁殖蚁的习惯，非洲、澳大利亚、印度等国家把白蚁作为食物的上品；白蚁体内含有人体所需要的11种营养成分和10多种氨基酸，食用后有美容、延年益寿的功效；白蚁和其菌圃对治疗咽喉炎、恶疮肿毒和多种风湿病有特效，对抑制和治疗癌症有辅助疗效，对消化系统的疾病和肝病等有明显的症状减轻作用；用白蚁或菌圃生产出的长寿酒、胶囊、口服液等系列保健产品，有防止衰老增强免疫力和延年益寿的功能。

白蚁在地球生态系统中，能消化分解森林地表物（枯萎植物），使之能很快转化为腐殖质，加速分解物质，促进林木生长，加速生态循环；白蚁在土内筑巢、修路、活动，使土壤膨松而肥沃，对土壤结构的理化性质变化起到了积极的作用；土栖白蚁在铜矿区的土壤内营生，具有指示该区土壤和岩石含铜状况的实用意义，依据其体内和蚁巢内的含铜量，能有效地找到铜矿的位置。

白蚁肚子里隐藏着生产氢的秘密。氢是替代汽油的理想清洁能源，大自然中许多微生物都能够制造氢。科学家们发现，最有潜力的自然氢生产专家是生活的白蚁肚子内的至少200种不同的细菌。它们悄悄地把白蚁肚内的植物残渣分解，释放出副产品——氢。白蚁取食一张打印纸就可以加工出两升宝贵的氢气，这些细菌使白蚁成为地球上最高效的氢生产者。

生物可以将生物垃圾降解成简单的糖，糖又可以发酵制成乙醇，而乙醇是比汽油更清洁的燃料，有时被用作汽油添加剂。科学家们希望寄生在白蚁肚子里的细菌生物，可以帮助人们用普通农业废料（比如碎木屑、剩余纸浆、稻草、玉米秆、甘蔗渣等）批量生产乙醇的方法。

白蚁的肚子是一个经过千万年进化的微型生物工厂，专供废料处理。白蚁肚子里的液体就是黄金，更是一个能源工厂。

书画中的“黑客”——书虱和蠹鱼

◆书画蛀虫对文物的保存提出了巨大的难题

每个家庭都藏有书画或字画，有的书籍和字画具有珍贵的收藏价值，一旦受虫蛀害，其损失不可估量。为此，有经验的书画家对防蛀这项工作十分重视。书画蛀虫主要是书虱和衣鱼，当然，蟑螂和白蚁也须要提防。蟑螂常隐藏在书架里，它的排泄物常使书籍受到严重污染，污迹不易擦去，影响书画的美观和价值，这里介绍几种常见蛀虫及其防范措施。

当“蛀虫”爱上收藏

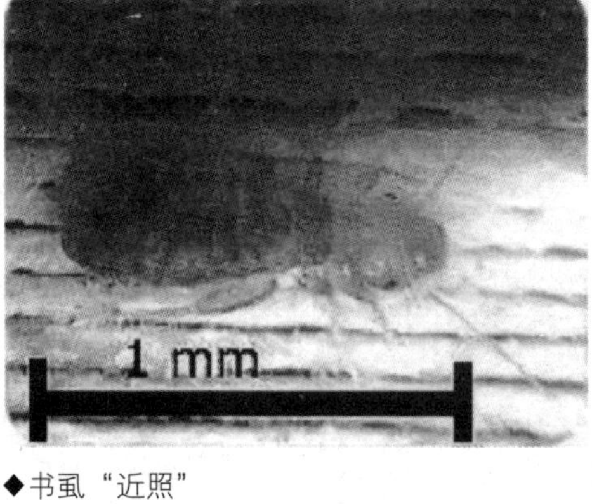

◆书虱“近照”

在书画收藏中常见的害虫主要有书虱和蠹鱼。

【书虱】

书虱，属啮虫目，书虱科。它常出现在纸张里，滑来滑去像虱子，即称书虱。它十分细小，成虫体长约1毫米，但人眼能看见。一般无翅，是典型的女儿国，尚未发现雄虫。雌虫能自行繁殖，若虫外形与成虫相同，仅仅是个体较小而已。它们除危害书画外，还常出没于家中的食用贮品、人参等很多食品。由于它个体小，蛀害性常常被人们所忽视。书虱喜欢阴湿，一年繁殖 3 ~ 4 代，成虫或幼虫常在碎屑、尘埃或缝隙中过冬，在干燥的环境中它就不能生存。它们很怕光，有群集特性。主要啮食粉屑及淀粉糊，凡裱糊的古字画，特别是一般不常翻动的书画，很容易招引书虱的生存和繁殖。

【衣鱼】

衣鱼，俗称蠹、蠹鱼、白鱼、壁鱼、书虫。衣鱼是衣鱼科昆虫的通称，一类较原始的无翅小型昆虫，全世界约有 100 多种。常见于书画中。衣鱼全身布满银色鳞片，因此也有个漂亮的英文名银鱼。身体细长而扁平，上有银灰色细鳞，长约 4 ~ 20 毫米。触角呈长丝状，腹部末端有 2 条等长的尾须和 1 条较长的中尾须，咀嚼式口器。幼虫在蜕皮 8 ~ 9 次后才能见到尾须，成为成虫，至第 10 龄时才开始产卵。它特别喜欢潮湿，最适宜湿度是 95%。

◆这就是书画中常见的“蛀虫”——衣鱼

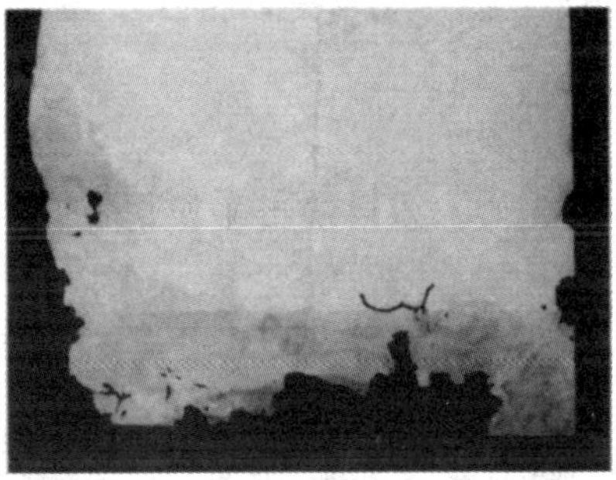

◆被衣鱼破坏的纸张

在建筑物里，衣鱼要有潮湿环境才能生存；只要环境干燥，衣鱼就会自然消失。

衣鱼爱好富含淀粉或多糖的食物，喜欢嚼食含有淀粉或胶质的物品：如上浆的书画，或裱糊的箱、盒等都是蛀害的对象，严重的可将字画全部蛀毁。经常损坏书画的为西洋衣鱼，在厨房墙壁上爬行的为小灶衣鱼。可是衣鱼对棉花、亚麻布、丝和人造纤维等也毫不客气，甚至连其他昆虫尸体、自己脱的皮也照吃不误。饥饿时甚至连皮革制品等也吃。不过衣鱼能够挨饿数个月，身体机能也不会受到伤害。

知识库：衣鱼的天敌

◆地蜈蚣——衣鱼最有名的天敌

衣鱼最有名的天敌是一种名为地蜈蚣的昆虫。衣鱼为防止蜘蛛、蝇虎等天敌的捕食，停息时总是不停地摆动着尾梢，诱使天敌将注意力集中到尾梢上来，当尾巴被抓住，分节的尾毛即断掉，身体便可乘机逃脱。

如何防治家中的衣鱼?

◆衣鱼爱吃马铃薯

以下一些扑灭或消除衣鱼的方法，虽然有效，但都是治标不治本的：

①混合比例为1∶1的硼砂和砂糖，能有效杀除衣鱼。

②氯化铵水溶液的气味能在24小时内驱赶衣鱼。

③将石膏粉洒在浸湿的白棉布上，隔夜放在房间一角，放的地方要接近衣鱼的藏身处。

④可以在衣鱼藏身处旁边放一块木板，板上再放一颗稍微磨碎的马铃薯；衣鱼晚上出没时就会钻进马铃薯里面大快朵颐。次天早上，你就可以把薯仔连同衣鱼一起丢掉。

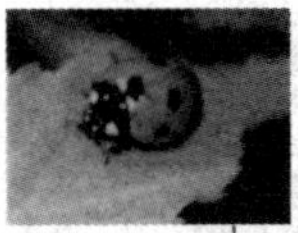

请看好你的书画

中国书画的质地是宣纸、绢、绫等纤维或有机材料，时间长了，很容易被虫蛀蚀或老化破损。古人对保管书画有专门的论述，如今的书画收藏保管，除沿袭古人的一些传统方法外，收管书画则更为讲究。

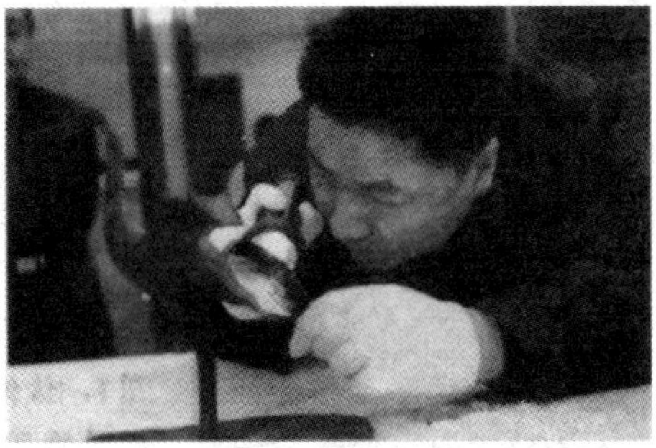

◆文物鉴定时需要带上手套

一般接触书画时必须带上白色的细纱手套，免得手上油污沾着书画。当书画展开时，切忌说话、咳嗽，以免唾沫飘落在画面上，来年形成霉斑。根据科学的数据证实，大多数蛀虫和霉菌的生存温度在10℃以上，低于这个温度，害虫即丧失活动能力和停止繁殖，而相对湿度在65%以下，多数霉菌就无法正常发育。因此，有条件的收藏家，书画库房温度宜控制10℃～18℃，相对湿度应控制在50%～65%之间，这样可以抑制害虫、霉菌的生长繁殖，有利于书画纸张的保养。

◆字画经过装裱有利于保存

万花筒

环境不能太干燥

倘若将相对湿度降至45%以下，并持续较长的时间，纸张又会因干燥而脆裂，造成物理性朽坏，所以保持相对湿度50%的下限，是对书画保藏的一个严格要求。

对于防范书画被虫咬蛀蚀，现在一般是采用化学驱避剂，常用的有萘、樟脑精、二氯化苯或具有特殊气味和毒性的其他固体药物，利用它们易挥发气味的特点来有效地杀死或驱赶蛀虫。

小故事：稀世精品毁于小虫

◆这就是那幅从千万元变为一分不值的《霜柯竹石图》

在收藏领域里一直流传着一个真实的故事。2006年，某拍卖行推出一件倪瓒的《霜柯竹石图》，估价在500万至800万元。“元四家”之一倪瓒的画在明代就已经千金难求，他的真迹能流传到今天就更可谓无价之宝。然而，这幅艺术市场上罕见的作品却以流拍告终。业内专家介绍，按照正常情况，此画拍出上千万元绝对轻松，但问题出在经过数百年流传，画保管不善，出现了严重的虫蛀、发霉等问题，重新裱时，裱匠会加些墨补虫蛀的窟窿，经过多次装裱，到最后已分不清哪些是倪瓒本人的墨迹、哪些是工匠的填补了。专家一致认为，这画没了“魂”，可能只保留了三分之一画家本人的精气神，三分之二成了多人合成的东西。稀世精品毁于小虫，可悲可叹！

其实不仅书画藏品，很多藏品都面临着被侵蚀的危险。例如青铜器遇骤冷骤热会受影响，甚至自然断裂；古董家具最容易受到温度和湿度的影响，开裂变形。因此，无论是文物管理部门，还是私人藏家都必须谨慎处之。

病魔的帮凶
——传播疾病的昆虫

有许多昆虫对人类是有好处的，它们是人类的好朋友。但是也有许多昆虫让人类吃尽了苦头。例如，昆虫可以引起人类许多疾病，它们不仅通过骚扰、吸血、螫刺、寄生等方式损害人体，还可携带病原体，传播多种疾病。这在节肢动物种类最多，占已知100多万种动物种类的85%左右，在各种生态环境中，都是当地动物群落的主要成员之一。

◆昆虫是疾病的重要传播者

昆虫如何影响人体健康?

昆虫影响人体健康的方式主要有直接危害和间接危害两种。

直接危害——指昆虫本身对人体的损害。许多昆虫（如蝇、蠓、蚊）骚扰人类的室内外活动及睡眠，吸血昆虫（蚊、白蛉、蠓、蚋、虻、臭虫、虱、蚤等）叮咬吸血，吸血时泌出唾液，唾液有致敏性，可使皮肤红肿发痒。蜂蚁类会用毒刺螫人或用上

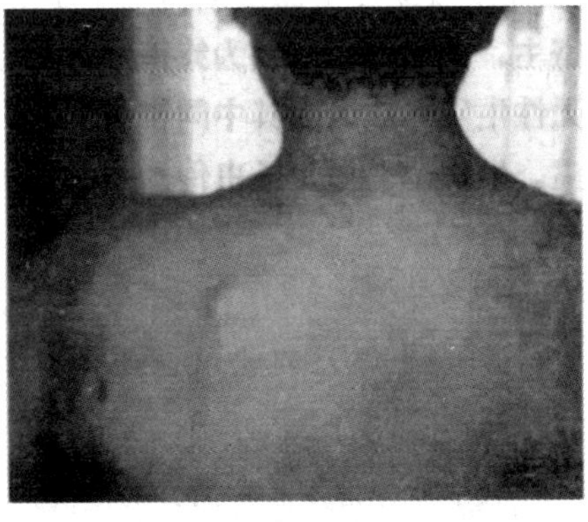

◆跳蚤叮咬引起的皮肤损害

颚咬人，并注入毒液，引起肿痛。有些鳞翅目的幼虫身上有毒毛（毒毛虫），毒毛刺入皮肤时，毛中毒液外溢，可致皮炎；大量毒毛吸入呼吸系统，可致全身变态反应。许多昆虫，如双翅目昆虫的幼虫直接寄生人体，引起蝇蛆病。

◆蚊子可以传播疾病

间接危害——指昆虫将疾病病原体传播给人。传播方式可分两类：①机械性传播。病原体通过昆虫的体表、口器或消化道，从一个寄主带到另一个寄主，在昆虫体内并不繁殖。昆虫的体毛及分泌的黏液、蜡质，可以粘附病原体。许多昆虫（如蝇类、蟑螂）常在粪便、垃圾等处活动，身上容易粘附病原体。吸血昆虫可通过口器传播寄主血内的病原体，病原体亦可被昆虫（如蝇、蟑螂）食入，然后随唾液或粪便排出，污染人类食物。可通过昆虫机械性传播的病原体有病毒、细菌、螺旋体、原虫和蠕虫。在机械性传播病原体中非吸血昆虫，尤其是蝇类起主要作用。②生物性传播。指病原体在昆虫体内要经过一段时期的发育或繁殖才具有感染力，昆虫可作为病原体的寄主，往往是病原体生活史中不可缺少的一环。许多寄生虫的幼体阶段在昆虫体内发育，成体寄生在人或其他动物体内，昆虫是其中间寄主，人或其他动物为终寄主，如猪巨吻棘头虫。但疟原虫在人体内进行无性生殖，故人为其中间寄主；它在蚊体内进行有性生殖，故蚊为其终寄主。生物性传播是昆虫传播病原体的重要方式。

蚊子或昆虫叮咬会传播艾滋病毒吗？

蚊子可传播多种疾病，如疟疾、丝虫病、乙型脑炎等。那么，蚊虫叮咬是否也同样可传播艾滋病呢？这是人们关心的另一个问题。其实，尽管蚊子的长嘴

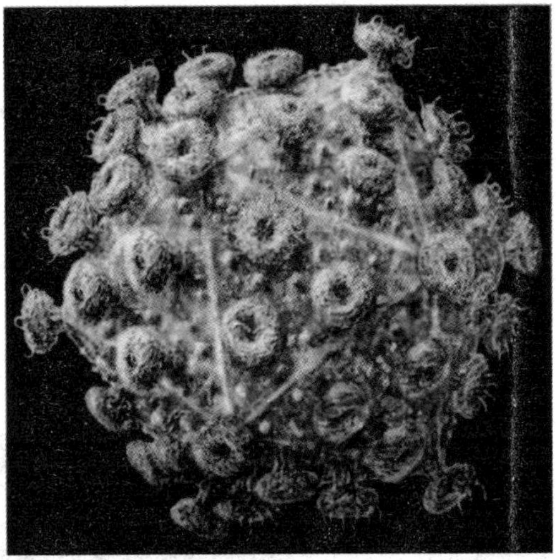

◆可怕的艾滋病病毒

巴犹如一支注射器，但蚊子是不可能成为艾滋病的传播媒介的。

艾滋病病毒在蚊子体内既不发育也不增殖，所以不可能通过生物性的方式进行传播。而机械性的传播方式，对艾滋病的传播此种方式亦不可行。因为蚊子在吸血前，先由唾液管吐出唾液（作为润滑剂以便吸血），然后由另一条管吸入血液。血液的吸入是单向的，吸入后不会再由食管吐出来。有人担心蚊子嘴上的残留血液可能带有艾滋病病毒，会传染给人。但一些研究发现，蚊子嘴上的残血量仅有 0.00004 毫升，如按此计算，要叮咬 2800 次，残血量中才能带有足够引起艾滋病感染的病毒。至目前为止，亦尚未发现经蚊子或昆虫叮咬而感染艾滋病的报道。

传播疾病的“匪首”——节肢动物

节肢动物种类繁多，形态多样，但均有如下共同特点：①身体两侧对

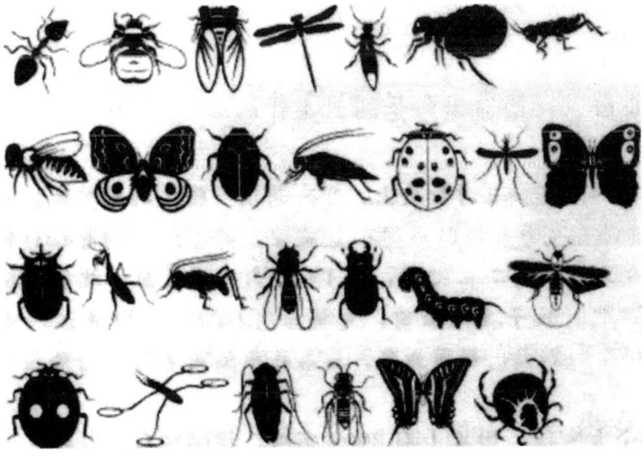

◆昆虫纲大家族

称；②多数种类的躯体和附肢均分节；③体壁较坚硬，其内附着肌肉，称外骨骼，在发育过程中，外骨骼须蜕皮数次；④体腔称为血腔，有无色或不同颜色的血淋巴运行其中，循环系统为开放式；⑤雌雄异体，卵生或卵胎生为主要繁殖方式。

在节肢动物中，传播传染病的属于昆虫的主要是蚊子，它可以传播疟疾、黄热病、登革热和登革出血热、病毒性脑炎以及丝虫病。一些节肢动物如水疱甲虫、蚤、臭虫、蝎和蜘蛛的叮咬及接触可引起不适甚至危险的后果。

【可恶的蚊子】

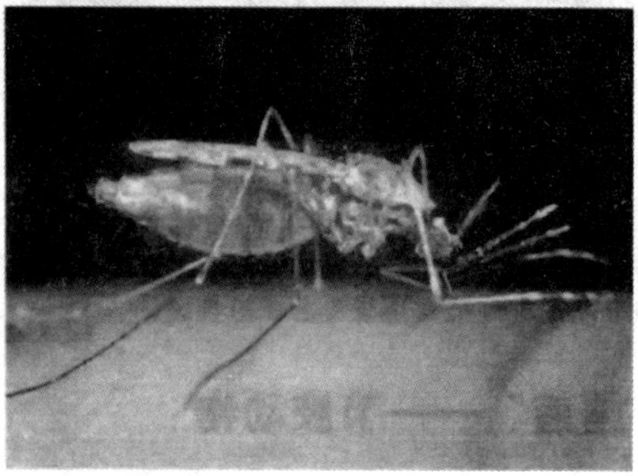

◆吸血的蚊子

在蚊子中，最可恶的要算吸人血的蚊子。雌雄蚊的食性不相同，雄蚊“吃素”，专以植物的花蜜和果子、茎、叶里的液汁为食。雌蚊偶尔也尝尝植物的液汁，然而，一旦婚配以后，就非吸血不可。因为它只有在吸血后，才能使卵巢发育。所以，叮人吸血的只是雌蚊。

讲解：“吸血鬼”是如何工作的?

蚊子的一对触须和三对步足上，分布着很多轮生的感觉毛，每根感觉毛上密集地排列着圆形或椭圆形细孔。黑夜里，蚊子可以凭着这种传感器感知空气中人体散发出来的二氧化碳，在1‰秒内作出反应，就能正确敏捷地飞到吸血对象那里。蚊子在吸血前，先将含有抗凝素的唾液注入皮下与血混和，使血变成不会凝结的稀薄血浆，然后吐出隔宿未消化的陈血，吮吸新鲜血液。

蚊子是个大家族，世界上有3000多种，我国约有300种，不同种类的蚊子传播不同的疾病，常见的按蚊、库蚊和伊蚊等是疟疾、乙型脑炎、登革热、丝虫病等常见传染病的传播媒介。其他危害严重的黄热病、车马脑炎、委内瑞拉马脑炎、圣路易脑炎、罗斯河热等的元凶亦是嗜人血的蚊子。已知蚊子能把80多种不同的病原体传给人体，能致病的就有一半。在地球上，再没有哪种动物比蚊子对人类有更大的危害。

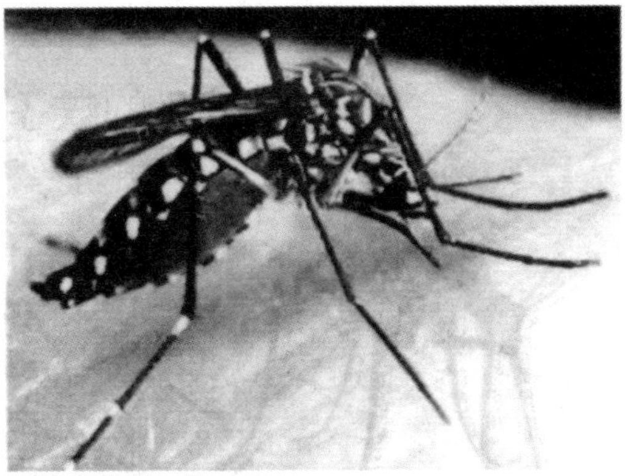

◆穿“花衣服”的伊蚊

我国能传播疾病的蚊大致可分为三类：一类叫按蚊，俗名疟蚊，主要传播疟疾。据不完全统计，1929年全世界因患疟疾致死的约200万人。另一类叫库蚊，主要传播丝虫病和流行性乙型脑炎。第三类叫伊蚊，身上有黑白斑纹，又叫黑斑蚊，主要传播流行性乙型脑炎和登革热。

◆世界上最大的蚊子

万 花 筒

红肿疙瘩是怎么回事?

蚊子叮咬时，都会有一些唾液留在皮肤下面，其中的某种蛋白质和人体中的抗体结合发生反应，皮肤即可出现过敏炎症、毛细血管渗透性增加、血浆外溢，这便是被叮咬处出现的奇痒难耐的红肿疙瘩。

著名的蚊子简史

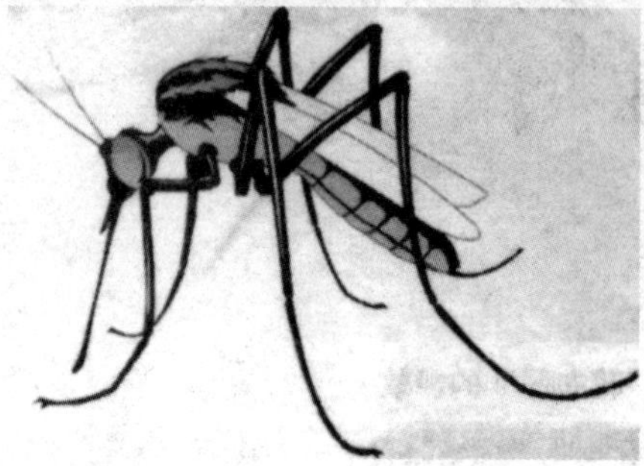

◆蚊子的外观结构

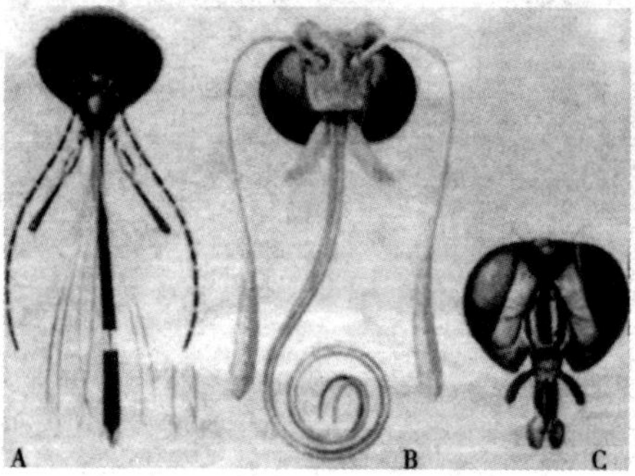

◆ A：蚊子的口器；B：蝴蝶的口器；C：苍蝇的口器

> 在自然条件下雄蚊约7天死亡，但在实验室可活到1个多月；雌蚊一般可活1～2个月，在实验室曾活到4个月。

蚊子，属于昆虫纲双翅目蚊科，全球约有3000种。是一种具有刺吸式口器的纤小飞虫。除南极洲外各大陆皆有蚊子的分布。其中，以按蚊属、伊蚊属和库蚊属最为著名。

蚊是小型昆虫，成虫体长约1.6～12.6毫米。呈灰褐色、棕褐色或黑色。分头、胸、腹3部分。口器（喙）结构为刺吸式口器，是传播病原体的重要构造。舌位于上内唇之下，和上颚共同把开放的底面封闭起来，组成食管，以吸取血液。舌的中央有一条唾液管。上颚末端较宽如刀状，其内侧具细锯齿，是蚊吸血时首先用以切割皮肤的工具。下颚末端较窄呈细刀状，其末端具有粗锯齿，是随着皮肤切开以后，起锯刺皮肤的功用。当雌蚊吸血时，针状结构刺入皮肤，而唇瓣在皮肤外挟住所有刺吸器官，下唇则向后弯曲而留在皮外，具有保护与支持刺吸器的作用。但雄蚊的上、下颚已退化或几乎消失，不能刺入皮肤，因而不能吸血。触须是刺吸时的感觉器官。

蚊子是属于完全变态的昆虫。生活史可分成四个阶段：

【卵】

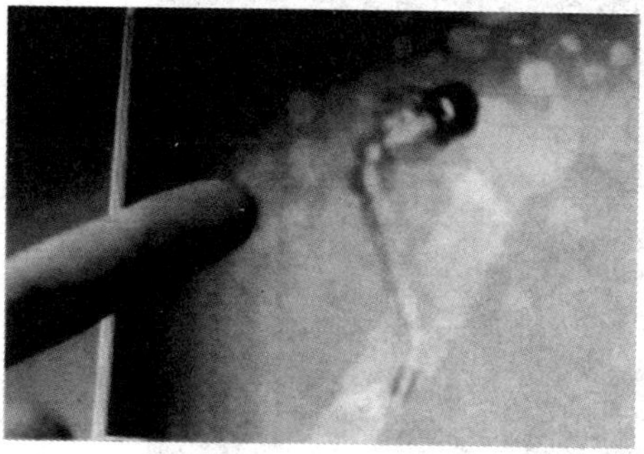
◆通过电子显微镜放大后的蚊子的虫卵

蚊子的卵根据种类的不同而产在水面、水边或水中三种不同的位置，水面上的如按蚊和家蚊，水边的如伊蚊。按蚊和家蚊约在两天内孵化，而伊蚊则在 3 ~ 5 天内孵化。

【幼虫】

蚊子的幼虫称为孑孓。孑孓用吸管呼吸。身体细长，呈深褐色，在水中上下垂直游动，以水中的细菌和单细胞藻类为食，呼吸空气。如库蚊（家蚊）的孑孓尾端具有 1 条长呼吸管，管端为呼吸器的开口，呼吸时，身体与水面成一角度，使呼吸管垂直于水面，摄食有机物及微生物，口的刷毛会产生水流，流向嘴巴；又如按蚊（疟蚊）无呼吸管，孑孓尾端的呼吸器开口于身体表面，呼吸时，身体与水面平行。

这个时期维持 10 ~ 14 天以后，孑孓经 4 次蜕皮后发育成蛹，由蛹再羽化为成蚊。

【蛹】

蚊子蛹的形状从侧面看起来成逗点状。不摄食，但可在水中游动。靠第一对呼吸角呼吸。经两天完全成熟。

雌蚊一生只交配一次，交配后由雄性副腺分泌的液体，形成交配栓留于雌性交配孔内，约于 24 小时后完全消失。

【成虫】

新出生的蚊子在翅膀没有硬（羽化）之前无法起飞。雄蚊在羽化后 24 小时之内其腹节第 8 节以后全部反转 180° 形成交配姿势。交配的动作因种类而有不同，有的黄昏时刻在田野广旷之处形成蚊柱做群舞。蚊柱不一定单纯由一种雄蚊聚集而成，往往有几种不同蚊种集合而成。此时雌蚊见到群舞光景，就飞近蚊柱与同种雄蚊交配离去。交配时间通常需要 10 ~ 25 秒。

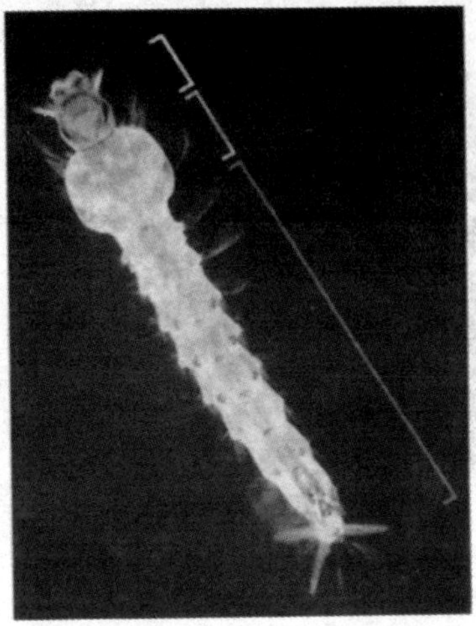

◆蚊子的幼虫——孑孓的头部、腹部、尾部

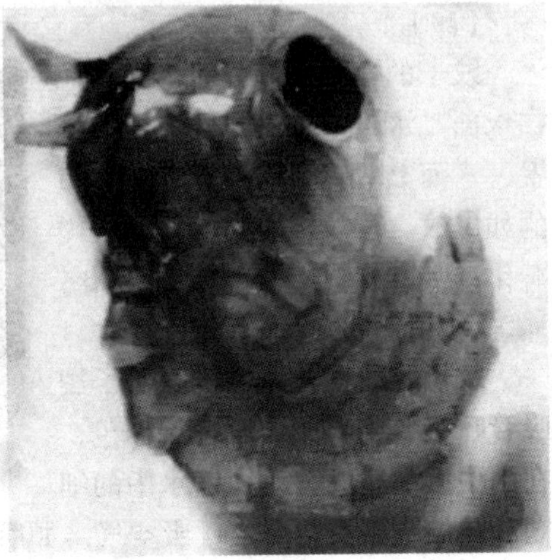

◆变成“逗号”般的蛹是蚊子生命中很短的一阵子，几乎不到2天

夏天蚊子叮咬别轻视

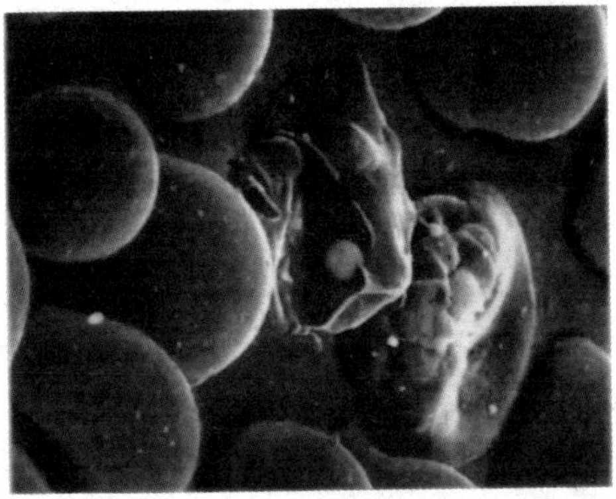

◆当人被带疟原虫的蚊子叮咬后，疟原虫进入红细胞，在红细胞内裂体增殖，引起被感染的红细胞破裂，疟原虫的代谢产物和红细胞碎片进入血液，引起异性蛋白反应，导致疟疾反复发作

蚊子对人的危害不仅是被咬后皮肤红肿痛痒和影响睡眠，最危险的是会传播疾病。蚊子叮咬带有病原体的人或牲畜后，成为病原体的长期储存宿主，再叮咬人时就可将病原体传播给健康人。经蚊子传播的疾病主要有流行性乙型脑炎、疟疾、登革热和登革出血热、丝虫病、黄热病等。

流行性乙型脑炎：病原为乙型脑炎病毒，是经蚊子传播的中枢神经系统急性传染病。患者主要表现为高热、头痛、恶心、呕吐、嗜睡等，重者可出现抽搐、昏迷，甚至因呼吸衰竭而死亡。此病多发于儿童，重症患者常留下后遗症，死亡率较高。

疟疾：病原体为疟原虫，是经蚊子传播的传染病，常年可发病。潜伏期一般为10～20天，临床症状表现为周期性发作的寒战、高热、出汗，以及贫血和脾肿大等。因原虫株、感染程度、免疫状况和机体反应性等差异，临床症状和发作规律表现不一，其中恶性疟疾可侵犯内脏，预后较差。

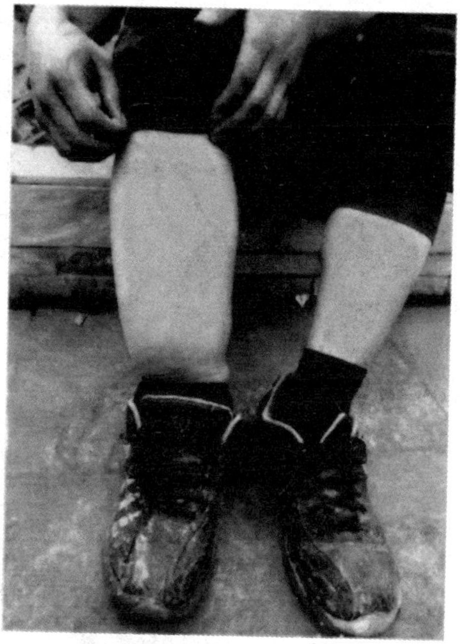
◆感染丝虫病后引起的小腿肿胀

登革热和登革出血热：病原为登革病毒，是我国南方沿海地区经蚊子传播的急性虫媒传染病。潜伏期一般为2～15天。登革热临床症状表现为高热、头痛、肌肉和骨关节剧烈酸痛、皮疹、淋巴结肿大、白细胞减少等，病死率低；登革出血热以高热、休克、出血、皮疹、血液浓缩、血小板减少为主要特征，病死率高。

丝虫病：病原体为丝状线虫，是我国华东、长江流域和长江以南地区经蚊子传播的流行性寄生虫病。潜伏期一般为6个月，早期临床症状表现为发热、过敏、急性淋巴结和淋巴管炎等，后期因其成虫阻塞淋巴管，形成橡皮肿、乳糜尿或腹水。

如何预防蚊咬？

预防以上疾病最简便的办法，就是避免被蚊子叮咬。蚊子叮咬人的时间多数是在睡眠时，使用蚊帐、蚊香或灭蚊器必不可少。另外有几点值得注意的是：①蚊子对人体的汗液和分泌物十分敏感，因此人们出汗后或女性月经期应注意及时洗澡，保持皮肤清爽。②深色衣服不仅吸热而且光线黑暗受到蚊子的偏爱，选择穿着浅色衣服可减少被其叮咬。③蚊子不喜欢薄荷、樟脑和大蒜的味道，所以外出时吃些大蒜或者在身体暴露部位涂抹几滴风油精、少许清凉油效果也较好。

◆蚊子能传播疾病

蚊子最“爱”谁？

每当夏秋之际恐怕不少人都有这样的烦恼，不是让蚊子叮几个包痒得难受，就是在捉蚊大战中搞得自己睡意全无。蚊子可是世界卫生组织宣布的威胁人类健康的头号公敌，它会传染很多种疾病。

科学家研究表明，蚊子叮人是有选择的，能为蚊子带来丰富胆固醇和维生素的人最受蚊子青睐。蚊子利用气味从人群中发现最适合它们“胃口”的对象。胆固醇和维生素这两种物质是蚊子等令人讨厌的昆虫生存所必需、而它们自己又不能产生的营养。

◆蚊子喜欢叮咬儿童

蚊子具有很强的嗅觉能力。当人类呼出二氧化碳和其他气味时，这些气味会在空气中扩散，而这些气味好比是开饭的铃声，告诉蚊子一顿美餐就在眼前。蚊子跟踪它的目标时，总是随着人呼出的气味曲折前进直到接触到目标为止，然后就落到皮肤上耐心寻找“突破口”，最后才把“针管”直接插入皮肤里吸血 8 ~

10秒钟。

万 花 筒

蚊子爱什么味道？

大多数化妆品中都含有硬脂酸（脂肪酸的一种），所以化妆的人比不化妆的人更受蚊子“欢迎”。至于一个人的胆固醇水平，并不会左右蚊子的判断力，除非有足够胆固醇贮存在离表皮很近的地方。当然也有一些气味是蚊子所讨厌的，如月桂叶、柠檬草油、香茅、大蒜和香叶醇的气味。

另有一项研究显示，孕妇遭蚊咬的机会比未怀孕的女性高出1倍。研究人员认为：妇女在怀孕期间所呼出的气体含有多种不同的化学物质，因而成为疟蚊的叮咬目标。此外，孕妇体温较高，出汗也多，是皮肤细菌滋生的良好基地。

在我们了解了蚊子的生活习性之后，那么有什么对付蚊子的好方法呢？下面就教大家几招：

◆可以在房间里放一盆夜来香，也可以起到驱蚊的效果

物理驱蚊第一招：消灭蚊子生存环境。有的居住环境差，周围死水多，需要经常喷药，这不仅灭蚊难度大，还会因此花费很多钱。所以不妨用一些物理方法灭蚊。解决办法：及时清理垃圾，不要留死水。

物理驱蚊第二招：肥皂水。关上门窗，在窗前放置一个盆子，盆中加点混合洗衣粉的水，第二天，水盆中就会有一些死去的蚊子。每天持续使用这种方法，几乎可以不用再喷杀虫液去杀蚊子了。而且蚊子也会越来越少。

物理灭蚊第三招：盐水、牙膏。如果你被蚊子咬了，也不要急着用手抓，用一点盐水或牙膏，涂在患处可以迅速帮你止痒。

以上省钱灭蚊法你可以试试。如果你习惯使用喷雾剂对付蚊子，就要选择最佳时间和重点部位来灭蚊。

熟悉而又厌恶的昆虫——苍蝇

◆苍蝇飞过，人人喊打

◆苍蝇喜欢与垃圾、粪便“为伴”

苍蝇是人们熟悉而又厌恶的昆虫，它种类繁多，对人类的危害主要是传播疾病。经研究发现，苍蝇能携带60多种细菌，一只苍蝇的体表可沾有百多万个细菌，最多的可携带5亿个左右。蝇类携带、传递的病原体很多，能传播痢疾、伤寒、霍乱、脊髓灰质炎、结核、沙眼、肝炎、寄生虫病等多种疾病。

人们生活中常见的苍蝇有家蝇、厕蝇、丝光绿蝇、大头金蝇、黑尾麻蝇等。苍蝇一生可分四个阶段，即从成蝇交配产卵开始，经过卵→幼虫（蛆）→蛹→成蝇的过程，这个过程只需10天左右，气温高时可缩短。苍蝇一次交配可终生产卵，一只苍蝇一生可繁殖成千上万只苍蝇。春天是第一代成蝇繁殖的高峰期，在春天里消灭一只苍蝇等于夏天消灭上万只。

苍蝇滋生和飞落于垃圾堆、厕所、腐烂的动物尸体以及脓血、痰液和呕吐物之间，并从中觅食。其体表及腹中携带着数以万计的细菌、病毒以及寄生虫卵。苍蝇有边吃、边吐、边拉的习性，它飞落到哪里，哪里的食物及食具就会受到细菌、病毒、虫卵的污染，当人们吃了被污染的食物或使用被污染的食具时，就会发生肠道传染病或寄生虫病。

讲解：苍蝇不得病之谜

苍蝇自身里里外外全是病菌，怎么它自己就不得病呢？这一直是科学界的一个谜。

20 世纪 90 年代，日本科学家经过多年的实验和研究，在麻蝇的体液中成功地提取了外源性凝集素（一种特殊蛋白质）。他认为这种外源性凝集素使苍蝇具有抗病本领。他将提取出来的这种外源性凝集素，在哺乳动物身上试验，发现它能有效地干扰哺乳动物体内的肿瘤细胞，使肿瘤细胞先萎缩，随后慢慢地消失。尽管人们的研究各见成效，但究竟苍蝇是使用哪种绝招来防病抗菌的，仍是个未解之谜。一旦解开这个谜，对人类的防病抗病措施将有很大的帮助。

◆苍蝇为何自己不得病

苍蝇为什么能传播疾病

◆苍蝇拥有舐吸式口器

◆放大镜下苍蝇的腿毛像刷子一样

首先，这要从苍蝇的生活习性讲起。苍蝇喜欢吃的东西很多，有各种甜食、牛奶、鱼、虾、腐烂的瓜果，还有动物尸体及伤口上面的脓血、地面上的痰等，特别爱吃人畜的粪便。由此看来，苍蝇的食谱很广，几乎是各种干净与肮脏的东西它都可用来充饥。

昆虫的嘴，我们称作口器。苍蝇的口器是舐吸式的。苍蝇在取食的时候，常常是先吐出一种液体，把干的食物溶解，然后再去舐吸。苍蝇是一种极其贪吃的动物，当它吃得很饱的时候，往往会把一些已吃进肚子里的食物从口里吐出来。并且，苍蝇还有随处便溺的习惯，一边吃一边拉，随时将粪便排到它正在美餐着的食物上。

另外，苍蝇的身上、腿上长有许多毛，像小刷子似的。当它停留在脏东西上时，很容易粘上很多的病菌。据报道，一只苍蝇身上的细菌可高达600多万个。

由于苍蝇的食性和取食习性，以及它那如刷子似的身体和腿，当它从肮脏多菌的地方飞到我们的食品上来取食或停留时，就能通过吐出、排便把病菌粘着在食品上。当我们吃了这种食品后，就会连同病菌一起送入我们的肚子里，从而被传染上各种疾病。

链接：传播痢疾的“恶媒婆”——苍蝇

菌痢是通过粪—口途径传染的，就是说吃下痢疾病人和带菌者粪便污染过的食物可得痢疾。痢疾病人的大便含有大量的痢疾杆菌，所以是痢疾的主要传染源。健康带菌者外表上是健康人，但他们的大便带有痢疾杆菌，所以带菌者传播痢疾的作用不能忽视，是更危险的传染源。病人和带菌者的大便可通过多种方式污染食物、瓜果、水源、玩具和周围环境，苍蝇在传播痢疾杆菌方面起了重要作用。夏秋季天气炎热，苍蝇孳生快，密度大，喜欢在不洁的地方停留，苍蝇脚上有许多毛，毛上可粘附大量痢疾杆菌。所以苍蝇是痢疾杆菌的义务搬运工，是重要的传播媒介。因此夏秋季节痢疾的发病率明显上升。如果孩子吃下被污染的食物或瓜果，玩过被污染的玩具后饭前又未好好洗手，或孩子有吮手指的习惯，得痢疾的可能性就很大。人群对痢疾普遍易感，特别是那些营养不良儿和体弱多病的孩子更容易得痢疾。

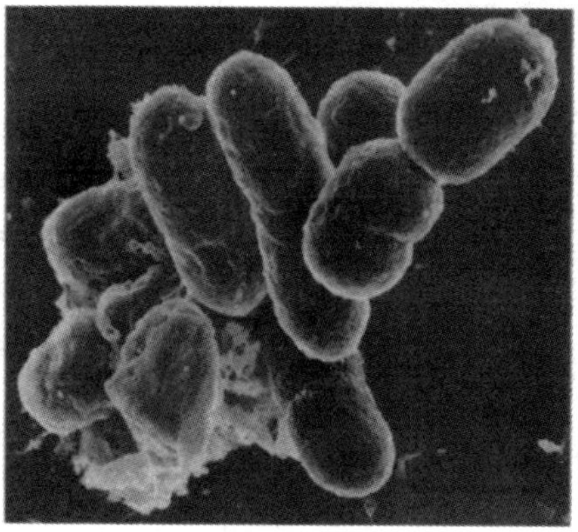
◆痢疾的元凶——痢疾杆菌

广角镜：苍蝇有望成为人类多种疾病的克星

被认为是“肮脏之最”的苍蝇却成为科学家的宠儿。研究发现，苍蝇不仅可以提炼出蛋白质和维生素等人类必需品，更令人惊奇的是，苍蝇体内有抗菌能力较强的抗菌肽和抑制癌细胞的壳聚糖，甚至能开发抗癌药物，有望成为人类多种疾病的“克星”。

在虫体资源利用上，蝇蛆中含有丰富的蛋白质、维生素和人体所必需的多种微量元素。有专家甚至预言，将来地球上人口越来越多，高蛋白质的食物会更加匮乏，蝇类食品将会成为人类未来食物中蛋白质的主要来源之一。

蝇体内还有可诱导产生抗菌的物质，这些物质包括抗菌肽、抗菌蛋白、壳聚糖、昆虫凝集素等，是抗病菌药物开发

◆你敢这样吃蝇蛆吗?

◆高蛋白的蝇蛆可以用来作饲料

的一个很有发展前途的方向。抗菌肽这种物质具有惊人的灭菌和抗癌能力，经过特殊处理的壳聚糖则具有直接抑制癌细胞的作用，同时在治疗胃病、降血糖方面也有效果。研究表明，抗菌肽、壳聚糖如果将来作为人类治病的药物，它很可能会取代目前广泛应用的抗生素。

油光锃亮的家伙——蟑螂

蟑螂有很多名称，正式名称为蜚蠊，而根据不同品种，又有大蠊、小蠊、光蠊、蔗蠊、土鳖等名称或种名。

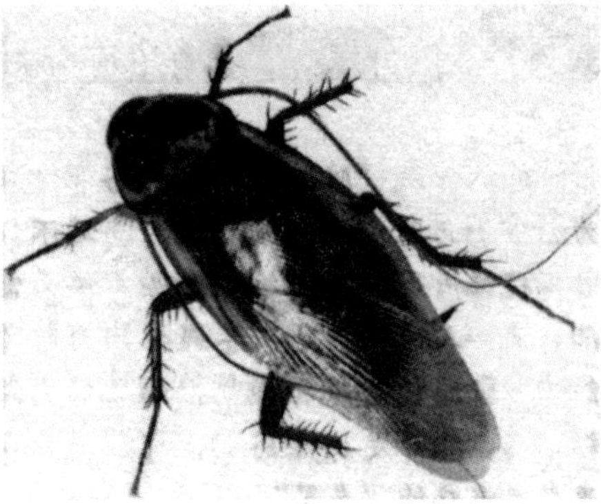

◆油光锃亮的家伙——蟑螂

雄虫最末腹板生1对腹刺，雌虫无腹刺，据此可分别雌雄。雌虫的最末腹板为分叶状构造，具有夹持卵鞘的作用。

蜚蠊成虫椭圆形，背腹扁平，体长者可达100毫米，小者仅2毫米，一般为10 ~ 30毫米，体呈黄褐色或深褐色，因种而异，体表具油亮光泽。头部：小且向下弯曲，活动自如，Y字形头盖缝明显，大部分为前胸覆盖。复眼大，围绕触角基部；有单眼2个。触角细长呈鞭状，可达100余节。口器为咀嚼式。胸部：前胸发达，背板椭圆形或略呈圆形，有的种类表面具有斑纹；中、后胸较小，不能明显区分。前翅革质，左翅在上，右翅在

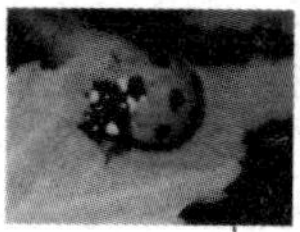

下，相互覆盖；后翅膜质。少数种类无翅。翅的有无和大小形状是蜚蠊分类依据之一。

蟑螂是这样长大的

蜚蠊为渐变态昆虫，生活史有卵、若虫和成虫 3 个发育阶段。

卵及卵荚：雌虫产卵前先排泄一种物质形成卵鞘（卵荚）。其鞘坚硬、暗褐色，多为长 1 厘米，形似钱袋状。卵成对排列储列其内。雌虫排出卵荚后常夹于腹部末端，少数种类直至孵化，大多数种类而后分泌粘性物质使卵鞘粘附于物体上。每个卵鞘含卵 16 ~ 48 粒。卵鞘形态及其内含卵数为蜚蠊分类的重要依据。卵鞘内的卵通常 1 ~ 2 个月后孵化。

◆蟑螂从卵鞘中孵化出来

若虫：蜚蠊有一个预若虫期，即在刚孵出时，触角、口器及足均结集在腹面不动，需经 次蜕皮，才成为普通活动态的若虫。若虫较小，色淡无翅，生殖器官尚未成熟，生活习性与成虫相似。若虫经 5 ~ 7 个龄期发育才羽化为成虫。每个龄期约为 1 个月。

成虫羽化后即可交配，约交配后 10 天开始产卵。一只雌虫一生可产卵鞘数个或数十个不等。整个生活史所需时间因虫种、温度、营

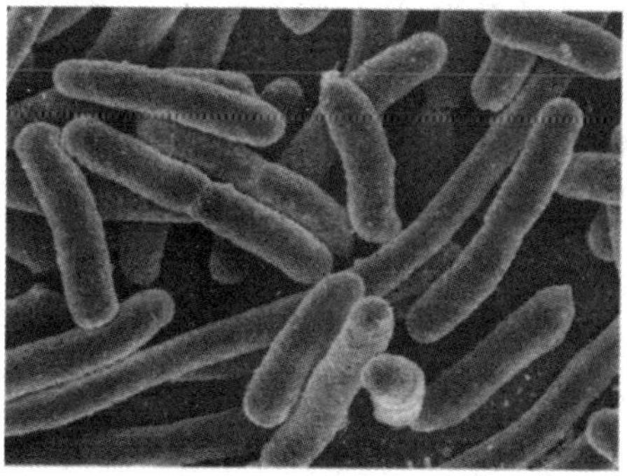

◆电子显微镜下的沙门氏伤寒菌

昆虫与人类

◆杀灭蟑螂，防治疾病

养等不同而异，一般需数月或一年以上。雌虫寿命约6个月，雄虫寿命较短。

蜚蠊能通过体表或体内（以肠道为主）携带多种病原体而机械性地传播疾病。近年来，国内报告从蜚蠊体内分离到疾病杆菌5株，沙门氏副伤寒甲、乙菌5株，绿脓杆菌43株，变形杆菌8株，青霉、黄曲霉等多种霉菌，腺病毒60株，肠道病毒血清型15株，脊髓灰质炎病毒8株和肝炎表面抗原。

蟑螂的防治

◆捕蟑螂器

蟑螂的危害已不亚于蚊虫、苍蝇及老鼠，是防治难度最大的害虫之一。近年来由于人们生活条件不断提高，住房的密封性，卫生条件都有较大的改善，苍蝇和老鼠这些过去被视为害虫之首的生物物种也在逐年减少。正因为如此，蟑螂的生活条件越来越好，而且只要有1.6毫米的间隙，它就可自由穿行，身上和分泌物及粪便携带有大量的致病菌，加上防治难度大，以及化学灭蟑药对人类健康有间接危害，所以蟑螂已成为威胁人类健康的首要害虫。

我们要采取措施防治蟑螂：保持室内清洁卫生，妥善保藏食品，及时清除垃圾是防治蟑螂的根本措施。同时根据蟑螂的季节活动规律，集中力量，反复突击，以彻底消灭之。

在已用完的厨房油污清洁剂喷壶（其他只要能喷雾的容器也可以）中加入几滴洗涤剂并装上自来水摇匀，发现蟑螂时对准它近距离连续喷射数次便可灭杀，本方法相对于使用杀虫剂更加安全。

除家庭外，对旅馆、饭店和车、船等交通工具也需采取措施。在这些场所，采用喷洒（如用二氯苯醚菊酯）加毒饵（如用敌百虫）的防治系统可收到较显著的效果。但需注意安全和及时清除死亡虫体。此外，据报告蟑螂对拟除虫菊酯类易产生抗性，值得重视。

庄稼大敌
——蚕食农作物的昆虫

◆因害虫引起的粮食损失惊人

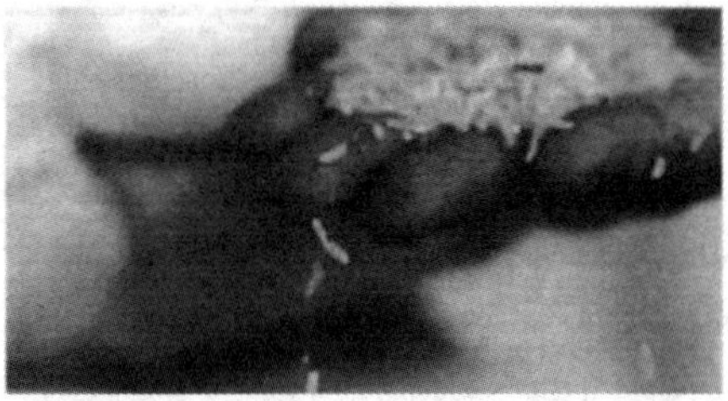

◆霉变粮食置人于死地

据报道，全世界危害庄稼的害虫约6000多种。我国水稻害虫就有250多种，果树害虫1000多种，玉米害虫50多种，仓库害虫300多种。像黏虫、蝗虫、稻螟虫、玉米螟、地老虎、棉蚜虫，小麦吸浆虫、蚜虫、叶蝉、飞虱、介壳虫等等，都是重要的害虫。害虫对农业生产造成的损失是相当惊人的，据估计，对野外生长的作物平均每年造成的损失率为10%，室内贮藏物平均损失率为5%。就我国水稻作物害虫一项来说，1950年损失4000余万担。因此与害虫作斗争，从害虫口里夺回粮食是农业生产上的极为重要的工作。

很多昆虫以农作物为食，它们种类多、数量大，除直接造成农作物及其产品的严重损失外，还是传播植物病害的媒介，全世界每年因病虫草害损失的粮食约占粮食总产量的三分之一，其中因病害损失

10%，因虫害损失 14%，因草害损失 11%。农作物病虫害除造成产量损失外，还可以直接造成农产品品质下降，出现腐烂、霉变等，营养、口感也会变异，甚至产生对人体有毒、有害的物质。

作物的一生会碰到许许多多影响其生长发育的害虫。害虫以作物为食，与人类争夺食粮，它们往往发生快、数量多，对作物的危害十分严重，是农业生产的大敌。如蝗虫大量发生可将农作物一扫而光，造成严重的蝗灾。下面让我们来认识一些常见的作物害虫及其防治方法。

常见的作物害虫

水稻虫害——造成水稻虫害的害虫有外源性害虫和内源性害虫两类，外源性害虫即远距离迁飞性害虫，如褐稻虱、白背稻虱、稻纵卷叶螟、黏虫等。内源性害虫即本地虫源，在本地繁殖为害，如三化螟、二化螟、大螟、灰飞虱、稻蓟马等。

小麦虫害——小麦麦苗地下部虫害主要由蝼蛄、金针虫和蛴螬所造成，严重时使小麦缺苗断垄。地上部有蚜虫、叶蝉及飞虱的为害，在一些地区蚜虫等往往是传播病毒病的媒介，造成病毒病的较大危害。成株期害虫有麦蜘蛛、麦水蝇及麦秆蝇。

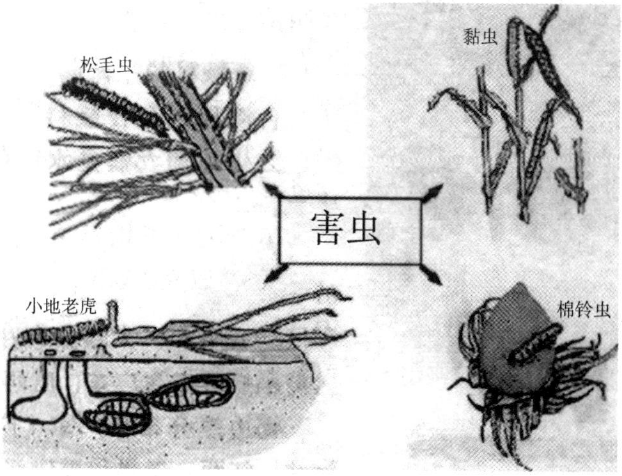

◆它们都是讨厌的害虫

原 理 介 绍

全球变暖会致害虫暴增

科学家最近表示，在21世纪，全球变暖会导致有害昆虫数量剧增，最后让农作物遭殃。科学家是在研究地球历史上最近的一次大型气候变化对植物造成的损害后作出上述结论的。

等到21世纪末期，地球人口将比现在增多30亿，需要更多的粮食，而研究人员发现，由于大气中的二氧化碳含量增加、氮浓度产生变化，导致树叶含有的营养成分下降，昆虫需要食用更多的树叶才能饱腹。二氧化碳增加后，植物的光合作用更容易进行，不需要分配太多的蛋白质到树叶上面。树叶养分下降，昆虫则需要吃更多的树叶。

玉米虫害——可分为苗期虫害、成株期虫害、雌穗虫害及贮藏玉米虫害。苗期虫害主要有地老虎、黏虫、蛀茎夜蛾；成株期虫害主要有叶螨、蚜虫和螟虫；雌穗虫害主要有玉米螟；贮藏玉米虫害主要是玉米象。

稻田瘟神——稻螟虫

◆水稻害虫稻螟蛉生活史图

稻螟虫是水稻作物的害虫。稻螟虫又叫钻心虫，属鳞翅目。中国的常见种类有：螟蛾科的三化螟、褐边螟、二化螟、台湾稻螟和夜蛾科的大螟。三化螟、二化螟和大螟是水稻的历史性大害虫。

在中国，三化螟主要分布在北纬37° ~ 38° 以南各稻区；二化螟在全国各稻区均有分布；大螟分布在黄河以南；台湾稻螟分布在广东、广西、福建、台湾；褐边螟分布在广东、广西、湖南、湖北、江西、贵州和福建部分地区。三化螟单食性，只危害水稻；其他4种还危害茭白、甘蔗、高粱、玉米、粟和小麦；大螟还取食芭蕉、椰子。三化螟、二化螟和大螟均1年发生2～7代，褐边螟在华中稻区1年4代，台湾稻螟在广州附近1年4～5代。

链接：稻螟危害水稻时间表

常年在5月底至6月上旬，早稻、一季稻（主要是秧田）受二化螟危害形成枯鞘，受三化螟危害形成枯心；7月中下旬早稻受三化螟危害形成白穗；一季稻受三化螟危害形成枯心（早栽一季稻形成枯孕穗）；8月上旬至中旬初，一季稻受二化螟危害形成枯孕穗（成白穗）；8月中下旬至9月初单季晚稻受三化螟危害形成白穗（这是三化螟危害的关键代）。有些年份9月上中旬双季晚稻受二化螟危害形成虫伤株。

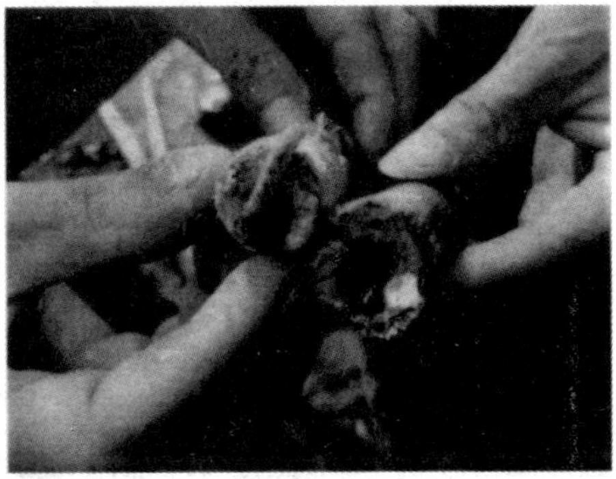

◆稻螟虫可以破坏水稻的芯

稻螟虫都有丝状触角，咀嚼式口器，翅膜质，上被鳞片，全变态昆虫。三化螟雄蛾翅展18～23毫米，前翅灰褐色，中央有一不明显小黑点。雌蛾翅展24～36毫米，前翅黄白色，中央有一明显黑点。卵粒积集成长椭圆形卵块，其上覆盖褐色鳞毛。老熟幼虫体长14～24毫米，淡黄绿色。褐边螟蛾与三化螟近似，但前翅中央有3个褐点，前缘有褐边；卵块上盖淡黄色鳞毛；幼虫头部深褐色；茧较厚。二化螟雄蛾翅展20～25毫米，前

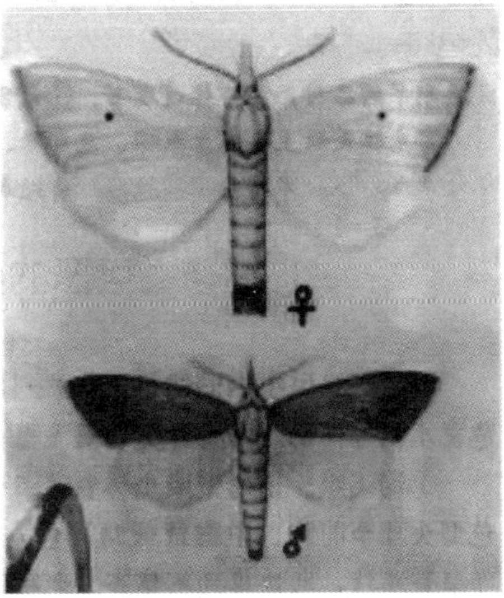

◆三化螟“写真”（上图为雌虫，下图为雄虫）

翅近中部有 4 ~ 5 个黑点，外缘有 7 个小黑点；雌蛾翅展 25 ~ 31 毫米。卵粒鱼鳞状排列成带形卵块。老熟幼虫体长 24 ~ 27 毫米，头部红褐色，体淡褐色。蛹长 11 ~ 17 毫米，圆筒形。

什么因素影响水稻害虫的出现?

◆赤眼蜂防治农林害虫技术主要是针对危害农作物、蔬菜、林果鳞翅目害虫的生物防治技术

影响稻螟虫发生的主要环境因素有：①自然条件。发生期迟早和世代数受当地气温的影响。幼虫滞育率高的年份，越冬幼虫耐低温能力较强；反之，越冬死亡率较高。越冬幼虫化蛹前期雨量大，易引起幼虫窒息死亡。幼虫耐低温能力较差，耐高温能力较强，气温在 40℃以下，不影响其侵蛀活动。台风暴雨和洪水对幼虫侵蛀和转移都有不利影响。②耕作栽培措施。水稻种植制度是影响发生期、为害程度的重要因素。一般是品种混杂的稻田发生世代多、为害重。抽穗整齐、成熟期早的品种，常可躲过螟害。③天敌。是控制三化螟发生为害的一种自然因素。寄生性天敌主要有赤眼蜂、黑卵蜂、线虫以及病原细菌、僵菌等；捕食性天敌有多种蜘蛛、步行虫、隐翅虫、青蛙和鸟类等。

可恶的稻飞虱

稻飞虱是昆虫纲同翅目，飞虱科害虫。俗名火蠓虫。以刺吸植株汁液危害水稻等作物。常见种类有褐飞虱、白背飞虱和灰飞虱。

①褐飞虱。长翅型成虫体长 3.6 ~ 4.8 毫米，短翅型 2.5 ~ 4 毫米。深色型头顶至前胸、中胸背板暗褐色，有 3 条纵隆起线；浅色型体黄褐色。卵呈香蕉状，卵块排列不整齐。老龄若虫体长 3.2 毫米，体灰白至黄褐色。

②白背飞虱。长翅型成虫体长 3.8 ~ 4.5 毫米，短翅型 2.5 ~ 3.5 毫米。

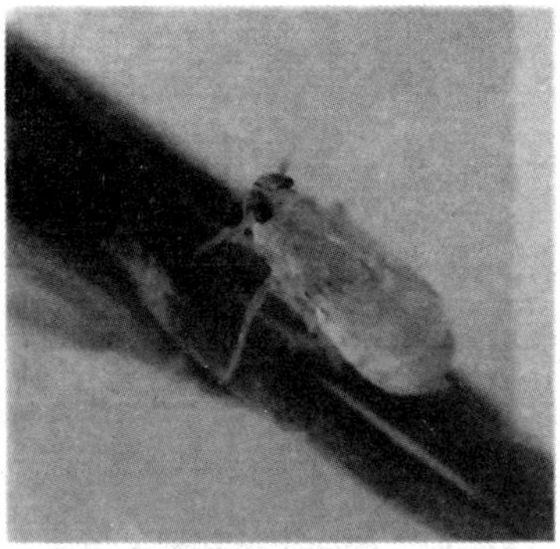

◆小小的稻飞虱危害大

◆小小稻飞虱可以危害大片农田

头顶稍突出，前胸背板黄白色，中胸背板中央黄白色，两侧黑褐色。卵长椭圆形稍弯曲，卵块排列不整齐。

3种稻飞虱的共同特征是：体型小，触角短锥状；翅透明，常有长翅型和短翅型个体。

③灰飞虱。长翅型成虫体长3.5 ~ 4.0毫米，短翅型2.3 ~ 2.5毫米。头顶与前胸背板黄色，中胸背板雄虫黑色，雌虫中部淡黄色，两侧暗褐色。卵为椭圆形稍弯曲。

褐飞虱在中国北方各稻区均有分布，长江流域以南各省（自治区）发生较烈。白背飞虱与褐飞虱的分布范围大体相同，以长江流域发生较多。这两种飞虱还分布于日本、朝鲜、南亚次大陆和东南亚。灰飞虱以华北、华东和华中稻区发生较多；也见于日本、朝鲜。

稻飞虱对水稻的危害，除直接刺吸汁液，使生长受阻，严重时稻丛成团枯萎，甚至全田死秆倒伏外，产卵也会刺伤植株，破坏输导组织，妨碍营养物质运输并传播病毒病。

讲解：如何防治水稻害虫？

农业防治是主要的防治措施。一般在秋播时有计划地将绿肥留种田，安排在旱地或螟害较轻的晚稻田上。冬耕冬沤，提早春耕灌水，使稻螟在预蛹期被淹死，从而压低有效虫源基数。选用螟害较轻的田块作绿肥田，以减少越冬虫源。合理布局，避免单、双季稻混栽和多品种插花种植，选种抗螟水稻品种和采取适宜的栽培技术，如调节水稻插植期、合理施肥灌水；及时夏收翻耕灭茬，以破坏虫蛹；避免偏施氮肥，增进水稻抗（耐）性等也可减轻虫害。

其他防治措施包括施用杀螟松、杀虫双、巴丹，或亚胺硫磷，对二化螟和大螟施用敌百虫等农药以及保护和利用天敌等。

◆健康生长的水稻

小麦克星——蚜虫

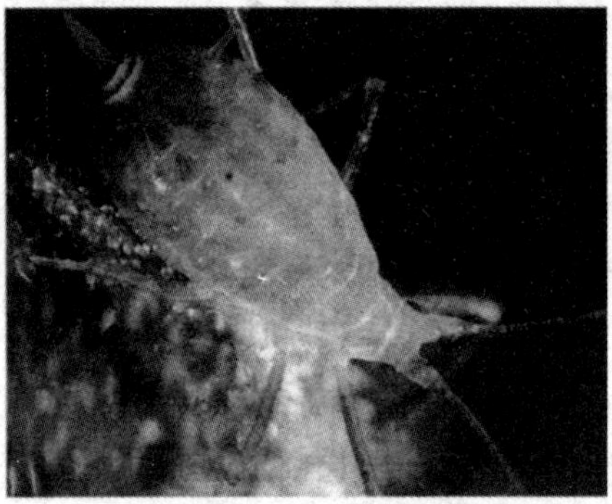

◆蚜虫是一种很小的昆虫，它们分布广泛，遍及世界各地

蚜虫俗称腻虫或蜜虫等，隶属于半翅目（原为同翅目），包括球蚜总科和蚜总科。蚜虫主要分布在北半球温带地区和亚热带地区，热带地区分布很少。目前世界已知约4700余种，中国分布约1100种。前翅4～5斜脉，触角次生感觉圈圆形，腹管管状的蚜虫。

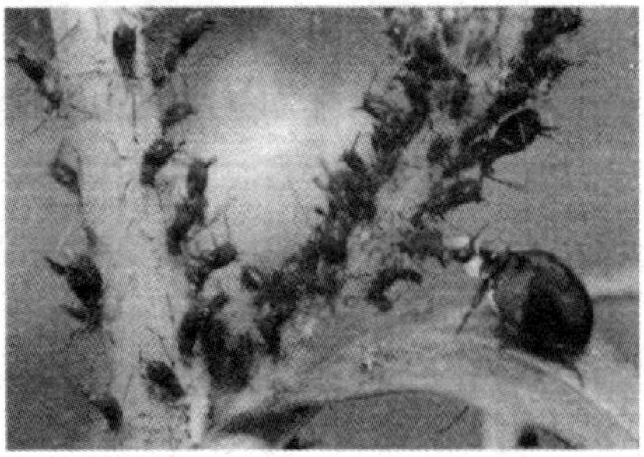

◆花斑瓢虫被红色蚜虫们赶出了领地

蚜虫体小而软，大小如针头。腹部有管状突起（腹管），吸食植物汁液，为植物的大害虫。不仅阻碍植物生长，形成虫瘿，传布病毒，而且造成花、叶、芽畸形。生活史复杂，无翅的雌虫在夏季营孤雌生殖，卵胎生，产幼蚜。植株上的蚜虫过密时，有的长出两对大型膜质翅，寻找新宿主。夏末出现雌蚜虫和雄蚜虫，交配后，雌蚜虫产卵，以卵越冬。温暖地

区可无卵期。蚜虫有蜡腺分泌物，所以许多蚜虫像白羊毛球。可用农药或天敌（瓢虫、蚜狮、草蛉等）防治。蚂蚁保护蚜虫免受气候和天敌的危害，把蚜虫从枯萎植物转移到健康植物上，并轻拍蚜虫以得到蜜露（蚜虫分泌的甜味液体）。

◆蚜虫喜欢鲜嫩多汁的作物

其种类主要有：甘蓝蚜、石原氏球蚜、玉蜀黍根蚜（为玉米的大害，可使之停止生长、变黄和枯萎，也危害其他作物）、云杉瘿球蚜、桃蚜、棉蚜（危害甜瓜、棉花、黄瓜等10余种作物）、豆长管蚜、马铃薯长管蚜等，寄生在小麦上的主要为麦二叉蚜，是小麦、燕麦及其他小型谷物的大害之一。于植株上，密集成黄色斑片状，可毁掉整片庄稼。成虫淡绿色，背有深绿条纹延向腹侧，每只雌蚜虫每代产50～60只幼蚜，每年20代。可用寄生天敌及杀虫药防治。

“红蜘蛛”——叶螨

叶螨亦称红蜘蛛、蛛螨。属于蜱螨亚纲，叶螨科的植食螨类。取食室内植物及重要农业植物（包括果树）的叶和果实。从卵到成体约需3周。成螨长约0.5厘米，体红、绿或褐色。在植物上结一疏松的丝网，有时会误认为是小蜘蛛，植物受害严重时，叶子完全脱落。叶子严重变薄，变白。其抗药能力日益增强，故难以防治。

◆遍身毛刺的叶螨，酷似蜘蛛，所以也称红蜘蛛

知识窗

叶面出现白色斑点原因

在某些特定条件下，叶螨幼虫可以钻到叶柄或茎中。叶螨的雌成虫用产卵器插入叶片，将叶片刺出许多小孔，产下单个、半透明、白色的椭圆形卵，这就是叶片上出现白色小斑点的原因。被刺伤叶片的植株光合作用减少，幼小的植株可能导致死亡。

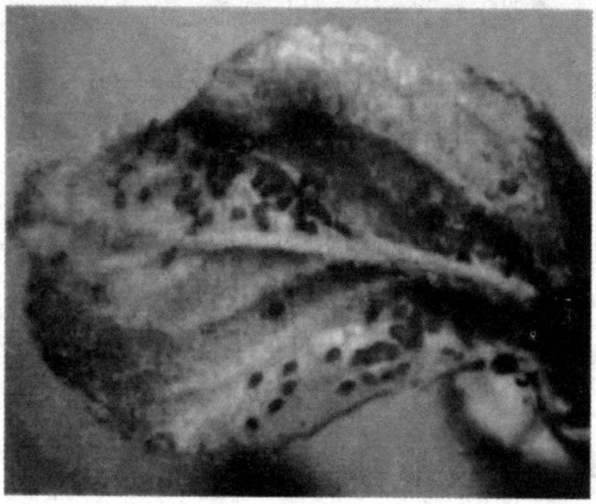

◆山楂红蜘蛛，主要危害苹果树的叶片、嫩芽和幼果

叶螨幼虫靠吃叶片的叶肉细胞为生，导致叶面上出现斑斑点点或弯弯曲曲的痕迹。不同种类的叶螨幼虫食用不同位置的叶肉细胞。此外，叶面被蚕食的纹理和位置根据叶螨种类、叶片生长水平和寄主植物的不同而不同。另外，这些伤口为各类病害敞开大门，如菊花细菌性叶斑病。

叶螨成虫很小，一般 2 ~ 3.5 毫米长，具有发亮的黑色双翼，腹部有黄色斑纹。在孵卵过程中，雌虫和雄虫都是以植株伤口处渗出的汁液为食。每个雌虫在它一生中，2 ~ 3 周平均可以孵化 60 个卵。孵卵的数量根据食物的多少、温度条件是否适宜而改变。卵孵化至亮黄色，然后形成白色的幼虫，这些过程中叶螨都是吃叶片细胞的叶肉层，从而导致叶片内形成弯弯曲曲的孔洞。

随着叶螨幼虫的成长，对叶片造成的孔洞也变得更大。孔洞形成的图案、位置和被侵蚀的植株也根据叶螨种类的不同而不同。在化蛹之前有 3 ~ 4 个幼龄阶段，而这个过程需要 5 ~ 8 天。最后阶段的幼虫通常把叶片切成半圆形，落到土壤里化蛹。蛹是长椭圆形。叶螨化蛹要在黑暗中进行，因此可以根据这个特点在土壤深处找到它们。

吃粮大户——蝗虫

◆干旱过后容易出现蝗灾

蝗虫又名“草螟”、“蜩蚂”、“蚱蜢”、“蚂蚱”、“扁担钩”。它是节肢动物门、昆虫纲、蝗科以及螽斯科昆虫的总称。数量极多，生命力顽强，能栖息在各种场所。在山区、森林、低洼地区、半干旱区、草原分布最多。植食性。大多数是作物的重要害虫。在严重干旱时可能会大量爆发，对自然界和人类形成灾害。

万 花 筒

可怕的飞行能力

蝗虫还具有惊人的飞翔能力，可连续飞行 1 ~ 3 天。蝗虫飞过时，群蝗振翅的声音响得惊人，就像海洋中的暴风呼啸。

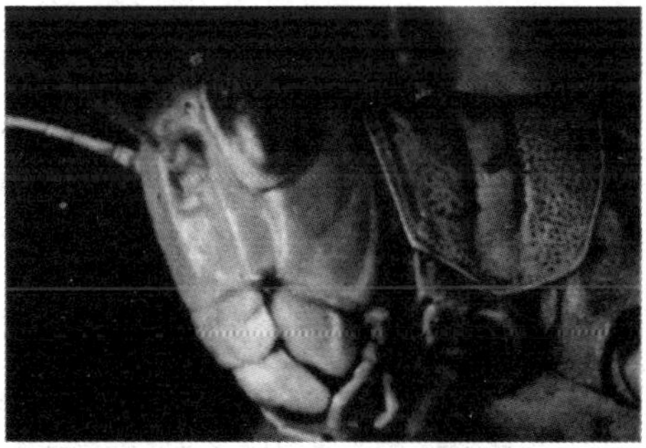
◆蝗虫咀嚼式口器有一对带齿的发达大颚，能咬断植物的茎叶

蝗虫是蚂蚱的进化，蚂蚱只有褐色和绿色的，蝗虫却是褐色的。蝗虫善飞善跳，头部的一对触角是嗅觉和触觉合一的器官。它的咀嚼式口器有一对带齿的发达大颚，能咬断植物的茎叶。它后足强大，跳跃时主要依靠后足。蝗虫飞翔时，后翅起主要作用，静止时前翅覆盖在后翅上起保护作用。雌虫的腹部末端有坚强的“产卵器”，能插入土中产卵，蝗虫产卵场所大都是湿润的河岸、湖滨及山麓和田埂。每 30 ~ 60 个卵成一块。从卵中孵出而未成熟的蝗虫叫“蝻”，需蜕 5 次皮才能发

◆蝗虫形态结构图

育为成虫。雨过天晴，可促使虫卵大量孵化。

成虫的后脚腿节具有一列相当于弹器的乳头状突起，前翅径脉基部有相当于弦器的粗脉，两者摩擦时，振动翅的震区便可发出声音，这就是它们的发音器。蝗虫的听器也很特别，位于腹部第一节的侧方。

它们的生活史是卵→若虫（幼虫）→成虫，属不完全变态。具咀嚼式口器，为植食性昆虫。大部分不太挑食，在野外草丛中，常看到它正一口一口地啃食禾本科植物的叶片。它的触角不太长，呈短鞭状，但拥有强而有力的后腿，可利用弹跳来避开天敌。有时还可看到两只蝗虫（雄上雌下）的结婚情景。

广角镜：蝗虫可以成为美味佳肴

◆这样的昆虫宴，你敢吃吗？

蝗虫为药食两用昆虫。据统计，蝗科共有859种蝗虫，能入药供食用的主要有两种，即东亚飞蝗和中华稻蝗，这两种蝗虫营养丰富，肉质松软、鲜嫩，味美如虾，蝗虫富含蛋白质、糖类、昆虫激素等活性物质，并含有维生素A、B、C和磷、钙、铁、锌、锰等微量元素，蝗虫不但是美味佳肴，而且还是治病良药，有暖胃助阳、健脾消食、祛风止咳之功效。《本草纲目》记载，蝗虫单用或配伍使用能治疗多种疾病，如破伤风、小儿惊风、发热、哮喘、冻疮、气管炎和防止心脑血管疾病等。

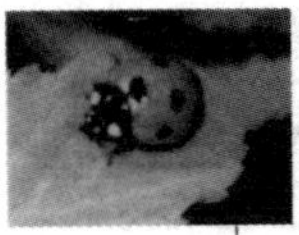

随着社会的发展和生活质量的不断提高，人类餐桌上已由鸡鸭鱼肉等传统型转为绿色野味型，蝗虫营养丰富，肉质鲜嫩，味美如虾，在香港等地具有“飞虾”的美称，是各国人民的喜食佳品，在美国曾举行“昆虫宴”招待贵宾，其中就有蝗虫。

可怕的蝗灾

人类很早就注意到严重的蝗灾往往和严重旱灾相伴而生。我国古书上就有“旱极而蝗”的记载。近几年来非洲几次大蝗灾也都与当地的严重干旱相联系。造成这一现象的主要原因是，蝗虫是一种喜欢温暖干燥的昆虫，干旱的环境对它们繁殖、生长发育和存活有许多益处。因为蝗虫将卵产在土壤中，土壤较坚实，含水量在10%时适合它们产卵。

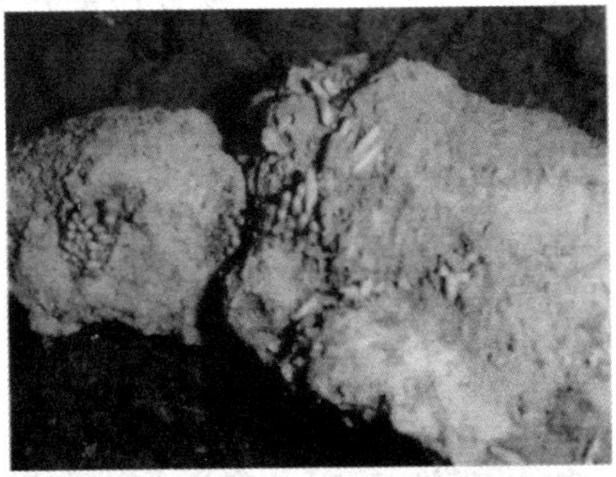

◆土块里的蝗虫卵

◆皮埃尔·霍尔茨拍摄的塞内加尔蝗灾照片

干旱使蝗虫大量繁殖，迅速生长，酿成灾害的缘由有两方面。一方面，在干旱年份，由于水位下降，土壤变得比较坚实，含水量降低，且地面植被稀疏，蝗虫产卵数量大为增加，多的时候可达每平方米土中产卵4000～5000个卵块，每个卵块中有50～80粒卵，即每平方米有20万～40万粒卵。同时，在干旱年份，河、湖水面缩小，低洼地裸露，也为蝗虫提供了更多适合产卵的场所。另一方面，干旱环境生长的植物含水量较低，蝗虫以此为食，生长的较快，而且生殖力较高。

相反，多雨和阴湿环境对蝗虫的繁衍有许多不利影响。蝗虫取食的植物含水量高会延迟蝗虫生长和降低生殖力，多雨阴湿的环境还会使蝗虫流行疾病，而且雨雪还能直接杀灭蝗虫卵。另外，蛙类等天敌的增加，也会增加蝗虫的死亡率。

预防为主，综合防治

◆四星瓢虫正在捕食害虫——生物防治

“预防为主，综合防治”是我国植保工作的方针。农业综合防治就是利用和改进耕作栽培技术，可达到控制病虫草害的目的。如改变耕作制度，实行轮作和间作套种，选用优良品种，调整播种期，合理的肥水管理，消灭病虫草源等。小麦和大麦轮作可减轻小麦的梭条花叶病和大麦的黄化花叶病；小麦、水稻水旱轮作能减轻小麦全蚀病的发生；适当灌溉对传毒蚜虫不利；棉花田增施钾肥可减轻叶茎枯病的发生；水稻苗期控制氮肥使用，可控制稻瘟病和白叶枯病。

知识窗

以虫治虫

近年来，人们把使害虫不育、利用昆虫激素防治害虫以及利用植物保卫素防治害虫都包括在生物防治之中。如用泾阳链霉菌防治棉花病害；用井冈霉素防治稻纹枯病；用赤眼蜂、瓢虫、平腹小蜂、草蛉、食蚜蝇、线茧蜂等害虫的天敌控制蚜虫、棉铃虫、玉米螟等害虫；用毛盘孢菌防除菟丝子。

生物防治——利用有益生物或生物代谢物来防治作物的病虫害，具有不污染环境，对人畜无毒，对作物无副作用等优点。它包括利用微生物防治作物病害、微生物防治虫害、天敌昆虫防治虫害、捕食螨和蜘蛛治虫、有益脊椎动物除虫等。

◆喷洒农药，防治病虫害——化学防治

化学防治——利用各种化学农药试剂达到杀灭害虫和消除病害的目的。化学杀虫剂按作用方式可分类为：①胃毒剂，经虫口进入其消化系统起毒杀作用，如敌百虫等，适用于咀嚼式口器的害虫；②触杀剂，与表皮或附器接触后渗入虫体，或腐蚀虫体蜡质层，如拟除虫菊酯、矿油乳剂等；③熏蒸剂，利用物质的挥发而产生有毒气体来毒杀害虫或病菌，如溴甲烷等；④内吸杀虫剂。被植物吸收并输导至全株并随害虫吸吮植物汁液而进入虫体，起毒杀作用，如乐果等，适用于刺吸式口器的害虫。

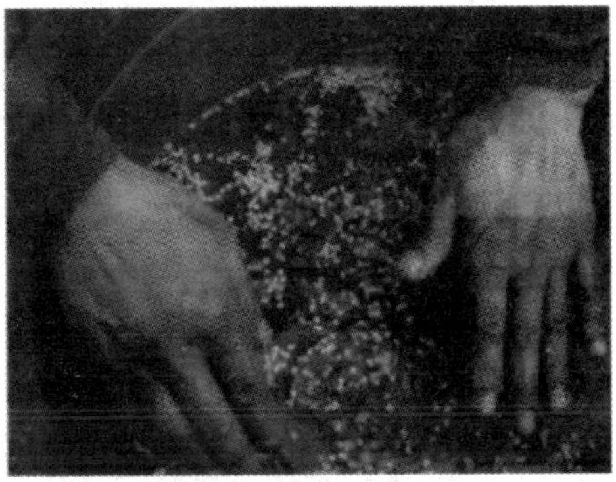

◆浸种可杀死部分病菌

物理防治——通过热力处理种苗、土壤；隔绝空气，窒息病原物；汰选种子，去除病籽、虫卵、菌核、草籽；辐射处理种子；地膜覆盖，拒避害虫等物理的方法，也能达到控制病虫草害的目的。如棉籽用60℃的温水浸种30分钟，可防治炭疽病；用过筛的方法清除体积小的病籽；用 γ 射线辐射玉米种子，可杀死种子中的细菌性枯萎病菌；用银灰色薄膜覆盖西瓜田，可减轻西瓜病毒病发生。

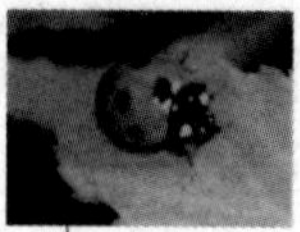

“吸血鬼”——吸血的昆虫

它们躲在黑暗中猎食，与人类纠缠了千万年之久。它们对我们的身体垂涎三尺，不但吸食活人的血，而且吞噬死者的肉体……

吸血的虫子几乎征服了地球上所有的生态系统，包括我们人类。现在，科学家将带你去了解昆虫世界最黑暗的一面。与世界上最大、最恶心、最致命的虫子面对面。

揭开最黑暗的一面——吸血昆虫

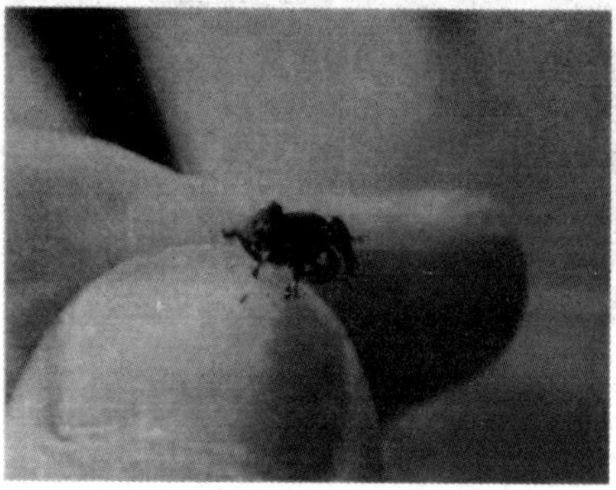

◆吸血昆虫往往很小，不容易察觉

吸血昆虫具有刺吸式口器，靠刺吮人或动物的血液为生。吸血昆虫吸血骚扰、传播疾病、造成机械损伤，严重影响人们的生活、工作、游乐，同时也给家畜和野生动物生长带来不利影响。在昆虫纲的34个目中，吸血昆虫隶属于半翅目、虱目、双翅目和蚤目等4目中。半翅目中常见的吸血昆虫主要有：臭虫科、猎蝽科。虱目中主要为虱子。双翅目主要为：蚊科、蠓科、白蛉科、蚋科、虻科、舌蝇科、虱蝇科等。

吸血昆虫对寄主的选择性因种类而异，虱的选择性是强的。吸血昆虫即使绝食或吸取非血液食物，一般也能生活较长的时间。

很多吸血昆虫具有对寄主发出的上升气流及体温的感觉、趋水性、呼出二氧化碳的趋化性等，便于它们找到寄主的习性。

讲解：吸血昆虫会不会传播乙肝？

实验证明，乙肝表面抗原（HBsAg）阳性者的血液可以在蚊子体内保存90小时以上，但其滴度不增加，表明病毒不能在蚊体内复制。虽然未能证实蚊子对乙肝有生物性传播媒介作用，但不能排除蚊子的机械性传播作用。此外据调查，HBsAg阳性的血液可在臭虫体内存留6周，在HBsAg阳性患者的床上，臭虫感染病毒率可达60%。因此，臭虫传播乙肝的可能性存在。

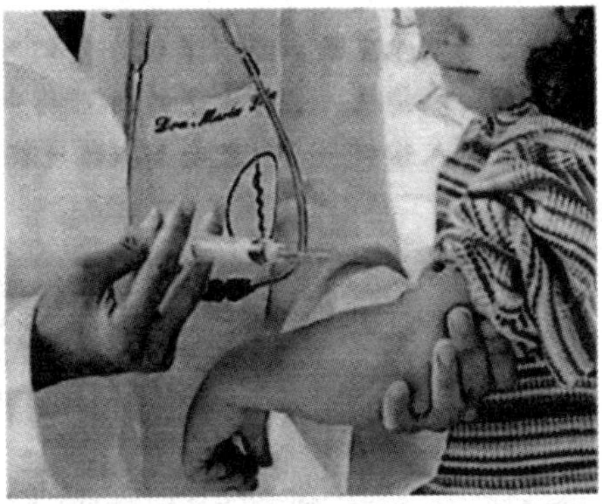

◆提倡儿童接种乙肝疫苗，预防感染乙肝

侵扰锥猎蝽

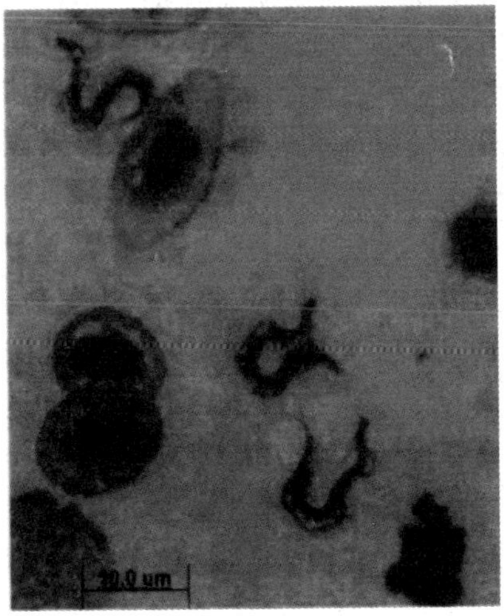

◆锥虫病原体由吸血昆虫带入宿主，虫体侵入机体后，经淋巴和毛细血管进入血液和造血器官发育繁殖

猎蝽科是节肢动物门、有颚亚门、昆虫纲、有翅亚纲、半翅目的一科，为半翅目中的一个常见大科。通称猎蝽，亦有称为刺蝽。

许多人相信是它害死了达尔文。它在黑夜中潜行，刺穿熟睡者的皮肤，偷取血液。它嗜血的习惯会传播一种寄生虫，从而引发一种致命疾病——南美洲锥虫病。锥虫能无声无息地潜入血液中，它可以在人体内寄生数十年，使器官逐渐衰弱，直到崩溃。生物学家查尔斯·达尔文就曾被锥虫咬伤，有些人相信他就是死于南美洲锥虫病。

万 花 筒

传染疾病的元凶

侵扰锥猎蝽可以狂吸200微升血。进食使它们的胃部膨胀，可容纳相当于3倍体重的血液。不过，它们进食之后的行为，才是传播疾病的真正原因——排便。这种虫子的排泄物中感染了寄生虫。搔痒时，这些寄生虫便会进入伤口——引发南美洲锥虫病。

◆猎蝽，顾名思义，捕猎其他小昆虫的蝽，以在叶面活动为主

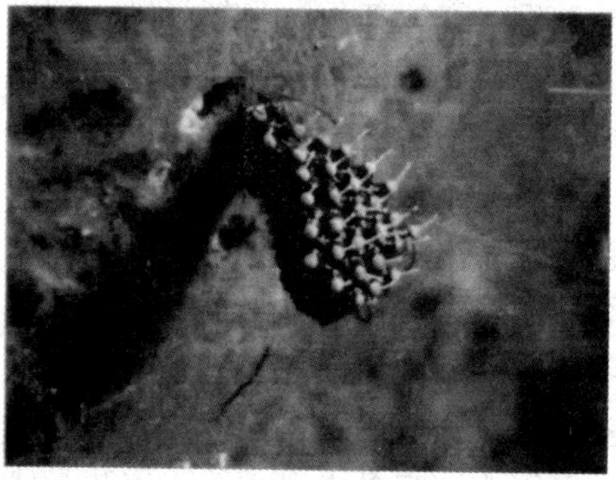

◆猎蝽的卵

猎蝽科昆虫中型至大型，体壁一般比较坚强结实。多数种类为长椭圆形，少数类群体足细长，外观如蚊虫状。多为黄褐、褐色或黑色，部分种类鲜红色。头部相对较小，平伸，基部多少变窄。多数种类具单眼。除个别类群的喙为4节外，绝大部分种类的喙均为3节，明显成弧形弯曲，粗壮，相对较短，端部尖锐；喙在静止时不紧贴头部腹面，与头部腹面均有一定距离，只末端接触前胸腹板；前胸腹板中央有一纵沟，沟底具细密横列棱纹，喙端就置于此沟中，与横纹摩擦可以发声。前胸背板大致成梯形，中部有深横沟将之分为前、后两叶。前足腿节有时粗壮，可具刺列。

卵多产于物体表面，可散落在地表，或以胶质粘附于其他物体上，直立或横卧，或数卵相互粘附成小卵块，或半埋在松散的土中。有卵盖。若虫亦具该科成虫的典型特点：喙3节，弯曲，前胸下方有摩擦沟，可与其他各科的若虫区别。

广角镜：西伯利亚发现吸血鬼蛾

◆诡异的吸血蛾

科学家在俄罗斯西伯利亚境内发现一种新型蛾类，该蛾类通过吸食人类以及动物牲畜的血液为生。科学家们已经将该种蛾类命名为“吸血鬼蛾”。此外，通过研究发现，该蛾类竟然目前仍在向前进化，而且速度惊人。专家们介绍说，吸血鬼蛾的出现对于当前生物学研究来说意义十分重大，科学家们通过研究吸血鬼蛾不仅能够就此进一步深入地了解吸血类寄生生物的生存方式；从进化研究角度来讲，吸血鬼蛾对于科学家们来说也是一个十分重要的研究资料与依据。

咬你没商量——虱子

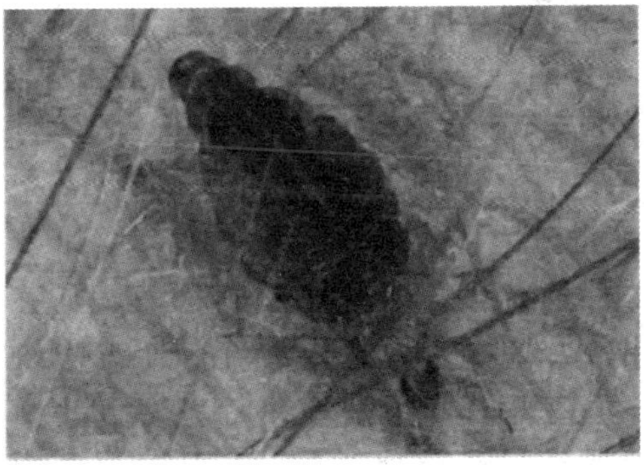
◆正在人类皮肤上“作案”的虱子

一战期间300多万人因虱子而丧生。这种吸血虫简直就是依靠人类而活着。这种讨厌的吸血虫会在我们人类的身上全面出击。

虱子分成3个种类：头虱、体虱和阴虱。分别适合在人体的头部、身体和阴部生存。头虱身体很薄，可以在人类浓密的头发之间行走。它的6条腿上都长有小小的爪子，能抓住又细又滑的头发。阴虱比较胖，爪子也比较

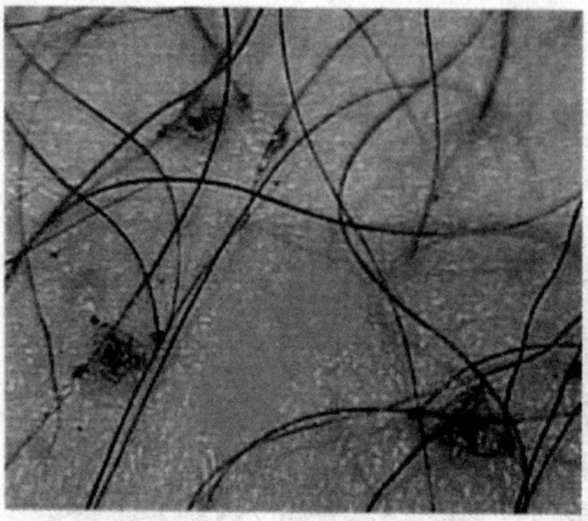
◆虱子卵隐藏在人体毛发的根部

大，更适合对付粗糙的阴毛。

虱子的成虫和若虫终生在寄主体上吸血。寄主主要为陆生哺乳类动物，少数为海栖哺乳类，人类也常被寄生。虱子不仅吸血危害，而且使寄主奇痒不安，并能传染很多重要的人畜疾病。由虱子传播的回归热是世界性的疾病，这种疾病的病原体是一种螺旋体。虱子的寿命大约有6个星期，每一雌虱每天约产10粒卵，卵坚固地粘附在人的毛发或衣服上。8天左右小虱子孵出，并立刻咬人吸血。大约两三周后通过3次蜕皮就可以长为成虫。虱子一生都是寄生生活。人们由于接触可互相传播。回归热的传播是它咬人后，被咬部位很痒，人在用力抓痒时，会把虱子挤破，它体液内的病原体随抓痒而带入被咬的伤口。

万 花 筒

防止虱子

防治的最好办法是消灭虱子。如果我们常用热水、肥皂洗澡，并时常换衣服，注意环境卫生，身上就不会长虱子。如已长有虱子，可以用药杀死。有虱子的衣服可用开水煮。毛发内有虱子就要把毛发全都剃去。

虱类叮咬人体时，分泌的唾液进入人体皮肤内使皮肤发痒，用手搔、抓可使皮肤破损，进而导致继发感染发生，并形成脓疮。虱吸血时还可以传播多种疾病，体虱和头虱被认为是传播流行性斑疹伤寒、虱传回归热的主要媒介，体虱还可以传播战壕热。当发生战争或自然灾害时，由于卫生水平下降，人群相对集中，更有利于虱类传播疾病。

广角镜：致命吸血昆虫导致恐龙大灭绝

◆恐龙大灭绝原来是吸血昆虫惹得祸

长期以来，科学家普遍认为6500万年前的一颗小行星撞击地球造成了恐龙大灭绝，然而美国俄勒冈州立大学古生物教授乔治·波尔纳却在新书《谁在咬恐龙？昆虫病菌和白垩纪之死》中提出惊人理论：虽然小行星撞地球给地球带来了巨大的生态灾难，然而，恐龙事实上却是被带有病菌的吸血昆虫给灭绝的。也就是说，是昆虫引发的瘟疫造成了恐龙大灭绝。波尔纳在新书中称，只有携带致命病菌的昆虫叮咬恐龙后引发瘟疫，才能解释为何恐龙是在成千上万年时间中逐渐缓慢地灭绝的。然而，他们都无法解释这样一个事实，那就是恐龙是在很长时间，甚至数百万年时间中逐渐灭绝的。只有昆虫和疾病才能给出合理的解释。”波尔纳夫妇称，他们是在对保存在琥珀中的一些古代植物和小动物遗体进行研究后，才得出这一结论的。琥珀堪称是古生物的“水晶棺材”，它能将被它包裹的小生物完整地保存数百、数千万年。

跳高“冠军”——跳蚤

跳蚤的跳跃导致鼠疫肆虐。它们从老鼠身上跳到人类身上，无意间造成了鼠疫的传播。在中世纪，鼠疫曾造成欧洲三分之一人口的死亡。不可思议的是，这种小虫子号称地球上最强壮的吸血虫。

跳蚤是小型、无翅、善跳跃的寄生性昆虫，成虫通常生活在哺乳类动物身上，少数在鸟类身上。触角粗短。口器锐利，用于吸吮。腹部宽大，有9节。后腿发达、粗壮。完全变态昆虫。蛹被茧所包住。跳蚤身上有许多倒长着的硬毛，可帮助它在寄主动物的毛内行动。它还有两条

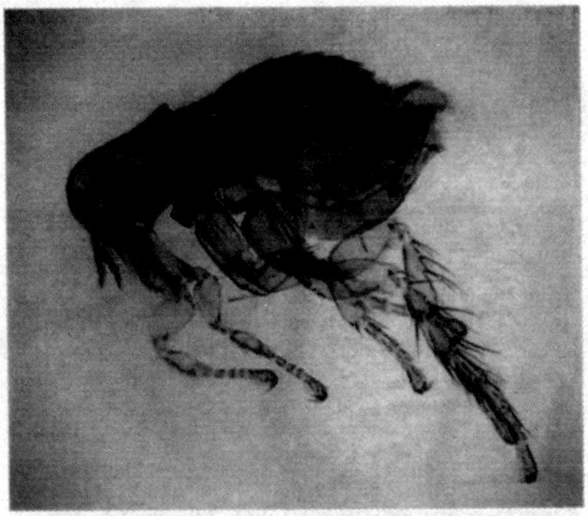

◆显微镜下的跳蚤

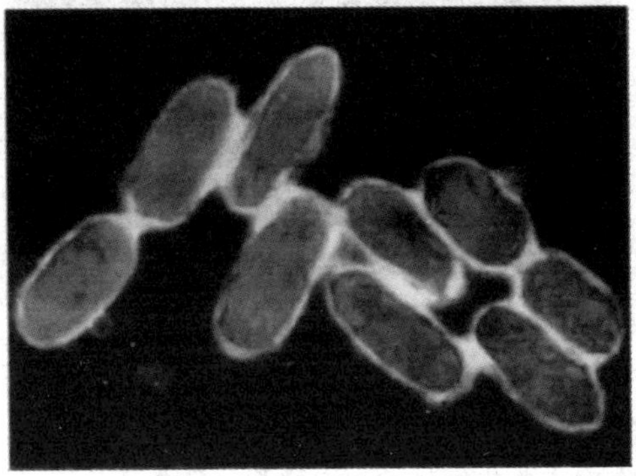

◆鼠疫是由鼠疫杆菌所致的烈性传染病

强壮的后腿，因而善于跳跃，能跳二十六七厘米高。跳蚤可以跳过它们身长350倍的距离，相当于一个人跳过一个足球场。跳蚤通常跳上宿主后就不再离开，两天后就可开始排卵。雌虫把卵产在有灰尘的角落、墙壁及地板的小洞里，也可产在动物身上，随着动物的活动而落地或迁移。卵白色，大约四五天就孵化出白色无足的幼虫，幼虫以灰尘中的有机物质和跳蚤的粪便作食料。两星期后幼虫吐丝和灰尘粘结成茧并在其中化蛹，再过两星期跳蚤就从茧里出来了。如果跳蚤碰到动物，马上就会有吸血危害，所以消灭跳蚤时要把墙壁和地上的孔洞用石灰或泥填平。

跳蚤鼠疫杆菌是引起鼠疫的一种很小的杆菌。这种菌通过老鼠身上的跳蚤（鼠蚤）传染给人类。跳蚤吸食鼠疫患者的血液后胃中充满了鼠疫的杆菌，食道被细菌阻塞。它们虽是鼠蚤，但有时亦咬人。这种带菌的跳蚤吸入血时血液因食道被细菌阻塞无法入胃而从口部回流到被咬人的身体里，鼠疫杆菌就在这时随同进入人体，使人患上鼠疫。跳蚤在吸食人血时还可能把粪便排在人的皮肤上，其中也含有大量鼠疫杆菌。因为被咬部位发痒，搔痒时会将鼠疫细菌带入微细的伤口，也能使人染上鼠疫。

讲解：跳蚤为什么被称为“跳高大王”？

跳蚤虽然是昆虫，但它们没有翅膀。它们靠跳跃从一个寄主转到另一个寄主身上。它们跳跃的能力是非凡的，有些跳蚤能跳出几乎相当于自己身长350倍的距离。如果人类也有这样的跳跃能力，那我们将能跳过500多米，所以跳蚤是世界跳高冠军！

跳蚤腿部肌肉的动能来自一种特殊的蛋白质——以能够储存和突然释放能量著称的节肢弹性蛋白。就是这种蛋白质，造就了它们著名的跳跃能力。跳蚤曾经是可以飞行的，至少它们的祖先会飞。后来它们失去了这种能力。现在收缩曾用于飞行的肌肉，它们就会高高跳起。它们的跳跃就像火箭发射，能以150倍重力加速度的冲力把自己射向受害者。

蛀食树木的害虫
——角长力大的天牛

天牛是人们熟知的一类昆虫。很多人在孩童时期，曾经捕捉到或看到过天牛，对它们发生兴趣。有趣的是，当你抓住它时，会发出“嘎吱嘎吱”的声响，企图挣脱逃命。如若在其腿上缚一根细线，任其飞翔，还能听到“营营”之声呢。天牛的玩法很多，如天牛赛跑、天牛拉车、天牛鱼、天牛赛叫等，比起目前充斥市场的电动玩具来，玩这种“自然宠物”要有趣得多。

庞大的“家族”——天牛

◆喜欢啃树的天牛

天牛是鞘翅目天牛科甲虫，其英文俗名来自多数种的极长触角。分布全球，热带最多。长2 ~ 152厘米，不过，若把触角计算在内，长度可增加2 ~ 3倍。天牛的种类很多，世界已知2.5万多种，我国也有2200种左右，分布广泛，危害普遍，几乎每一种树木，都受不同的天牛种类所侵害。而受害较多的树木，如对桑树有天牛28种，柳树和杨树有25种，柑橘类有18种，松树有23种。天牛中数量最多、最常见的除星天牛和桑天牛外，还有光肩星天牛、桃红颈天牛、白筋天牛、红缘天牛、云斑白条天牛、竹缘虎天牛、深山天牛等。

天牛是鞘翅目叶甲总科天牛科昆虫的总称，有很长的触角，常常超过它身体的长度，有一些种类属于害虫，其幼虫生活于木材中，会对树或建筑物造成危害。

小资料：光肩星天牛——漂洋过海，浪击天涯

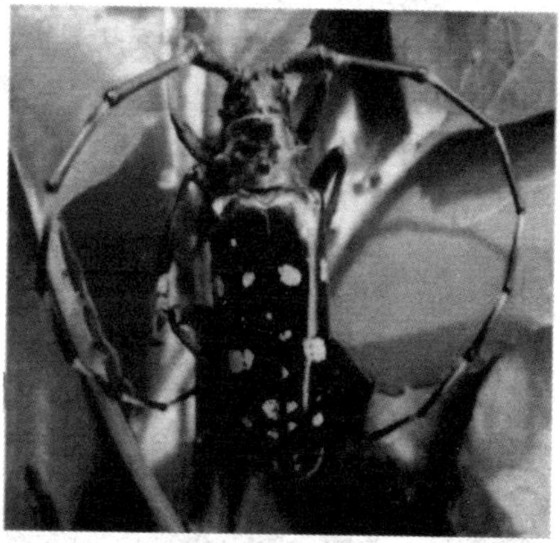
◆穿“花衣”的光肩星天牛

光肩星天牛，原产于中国和朝鲜，是许多硬材树的主要害虫，尤其是对枫树、七叶树、鹿眼树、柳树和榆树。成虫亮黑色，有不规则的白点，体大，长 1.9 ~ 3.8 厘米。触角黑色带有白环，长 3.8 ~ 10.2 厘米。在夏日数月中，成年雌虫嚼碎树皮产卵，造成树木一个直径约 1.3 厘米的明显深色伤疤。待幼虫孵出后，移栖树心处，在那里取食、发育成熟，然后挖洞出来，留下直径 9.5 厘米的洞。据说光肩星天牛是跟着货板运送到北美，1996 年使纽约虫患成灾，几年之后又传到新泽西、伊利诺伊州的芝加哥和安大略省的多伦多。防治措施包括移除和销毁树木，隔离受传染的疫区、严格管控木材的运送，并用杀虫剂治疗，把光肩星天牛限制在隔离区内。

天牛的生活史

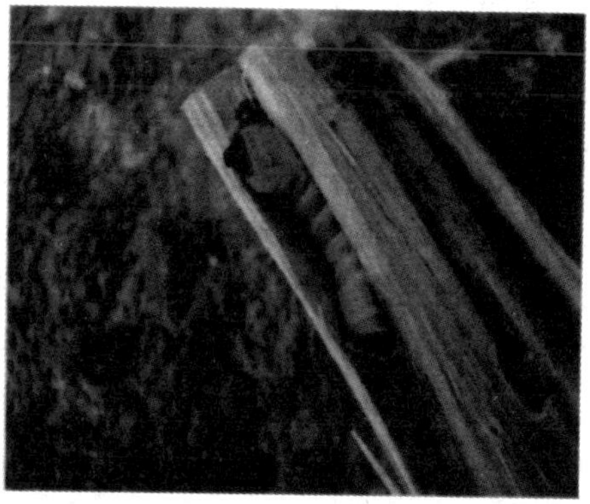
◆躲藏在木材里的天牛幼虫

天牛的成虫体呈长圆筒形，背部略扁；触角生在额的突起（称触角基瘤）上，具有使触角自由转动和向后覆盖在虫体背上的功能。爪通常呈单齿式，少数呈附齿式。除锯天牛类外，中胸背板常具发音器。幼虫体粗肥，呈长圆形，略扁，少数体细长。头横阔或长椭圆形，常缩入前胸背板很深。

万 花 筒

长寿的天牛

文献上有许多关于长寿幼虫的记载，这些大都是根据木材制成了家具后，经过若干年代，忽然发现其中尚有生存的天牛幼虫，或者天牛忽然羽化而此证明它在木器内已生活了很多年代。已有很多这样的例子，证明天牛幼虫可以生活到一、二十年，而最高的2个记录是40年和45年。

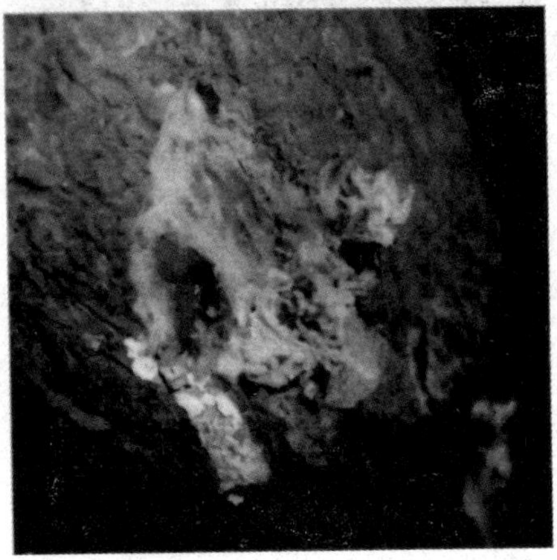

◆天牛啃破树皮产卵

天牛生活史的长短依种类而异，有一年完成1代或2代的，也有二、三年甚至四、五年完成1代的。同一种类在不同地域的生活史有时亦很不同，如黄星桑天牛在江苏需三年完成一代，而在广东则一年发生两代。由于幼虫的隐藏生活，对它们进行生活史观察很困难。又由于寄主植物的条件如老幼、健康、干湿程度等，对幼虫的长发育影响很大。不良条件常引起幼虫的滞育而使生活世代大大地延长。所以同一种类在同一地区内可能呈现不同的发育过程。

成虫活动的时间各有不同，有的在白天日光下活动，如花天牛类；有的则在夜晚或阴天活动，或整晚都能活动。

天牛一般以幼虫越冬，或以成虫在蛹室内越冬，即上一年秋冬之际羽化的成虫，留在蛹室内到翌年春夏间才出来。成虫的寿命一般不长，十数天到一二个月，但在蛹室内越冬的成虫可能达到七八个月。雄虫寿命一般较雌虫为短。

天牛产卵方式主要有两种，一种是雌虫在产前先用上颚咬破树皮（特别是沟胫天牛），然后用产卵管插入，每孔产卵一粒，也有产多粒的。这样形成的产卵孔，其形状大小在各种类之间常有不同，有的很显著，在防治上可作为搜灭虫卵的指示。另一种产卵方式不先咬孔，而是直接用产卵管在树皮缝隙内产卵。

诉说天牛的“罪状”

在生产实践中，我国劳动人民很早就知道天牛是蛀食树木的害虫。李时珍在《本草纲目》内说：“天牛处处有之……乃诸树蠹所化也”。这两句话充分地显示出人们对天牛发生的普通性和危害性的认识。

万花筒

两角徒自长，空飞不服箱，
为牛竟何益？利吻穴枯桑。

猜猜是什么昆虫？

天牛对植物的危害以幼虫期为最烈，成虫虽然由于产卵及取食枝叶，有时也能引起或多或少的损害，但一般并不严重。树木内部受了幼虫的蛀蚀钻坑，常常阻碍了它们的正常生长，减低产量，削弱树势，缩短寿命；在受害严重时，更能导致树株的迅速枯萎与死亡。被蛀蚀的树木常易引起其他害虫及病菌的侵入，并易受大风的吹折。木材受蛀害后，必然会降低质量，甚至失去它们的工艺价值和商品意义。草本植物的茎根等部受了幼虫蛀害，也同样会引起作物的减产、枯萎或死亡。文献上多次记载，一种天牛的成虫和幼虫有时还能侵害金属物

◆被天牛蛀蚀的树木

质如铅皮、铅丝等等。1957年，贵阳某工程在从上海运去的电话电缆中，发现有两盘电缆的铅皮被松天牛成虫咬损，以致内部铜线外露。寄生有天牛的木材制成木器后，也能外出危害杂物。北京新华书店储运公司有一捆图书，被一种天牛幼虫侵入，在重叠的5本书内，蛀蚀了一条坑道。所以天牛危害十分严重，特别是对果树和森林来讲，它们是一个极其严重的威胁，给人们造成的损失很大。

小资料：树干涂白好处多

◆入冬时，我们常常看见树木的下部被涂成白色

入冬以后，许多果树、林木的树干都要涂上一层白白的东西，习惯称为“涂白”。因为树木在冬季，向阳面在白天受阳光照射，温度上升，细胞解冻，夜晚温度下降，又重新冻结；这样一冻一化，就会造成树木皮部组织死亡，产生“日烧”崩裂现象。树木涂白后，不仅给它围上一层防寒裙，而且增加了树木对阳光的反射能力，使树干温度变化比较平稳，避免昼消夜冻，减少冻害，防止“日烧”。同时，涂白还可加速伤口愈合，防止病菌感染，并可杀死树皮内的越冬虫卵，能有效地防止病虫害，同时能补充钙元素。

大自然的馈赠

——昆虫益处多多

昆虫家族拥有占全部动物五分之四的种数，约100万种，队伍之庞大，分布之广泛，行动之变幻多端，要统计出它们中间究竟有多少益虫，确实不易，有益昆虫有多少还是一个谜，随着昆虫自身在不停地变化，人们对昆虫的研究也不断有新发现，这个谜的谜底也在不断变化。

神奇的激素
——昆虫的“冬眠激素”

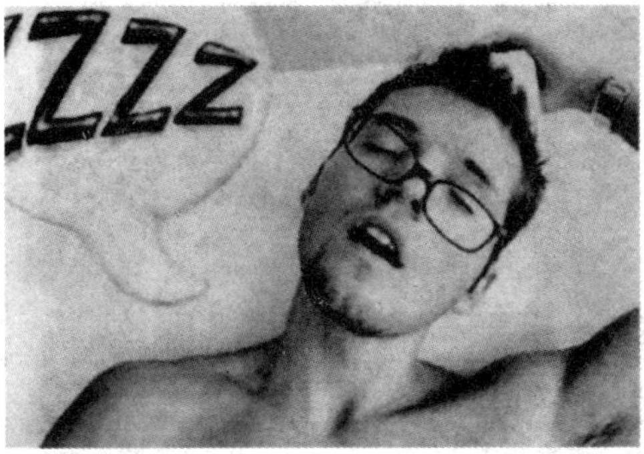

地球上可控制自己体温的动物，称为恒温动物。可因环境温度改变而调节体温的动物，称为变温性动物，这些变温动物在冬天寒冷时，体温随着下降，而活动也跟着停止，此时体内对能量的消耗也随着减少，如此在不吃食物的状态下也能维持生命。这就是所谓的冬眠。

哪些动物要冬眠？

动物的冬眠是一种奇妙的现象。人们观察了若干种动物冬眠，发现了许多意想不到的现象。在加拿大，有些山鼠冬眠长达半年。冬天一来，它们便掘好地道，钻进穴内，将身体蜷缩一团。它们的呼吸，由逐渐缓慢到几乎停止，脉搏也相应变得极为微弱，体温更直线下降，可以降至5℃。这时，即使用脚踢它，也不会有任何反应，就像死去了一样，但事实上它却是活

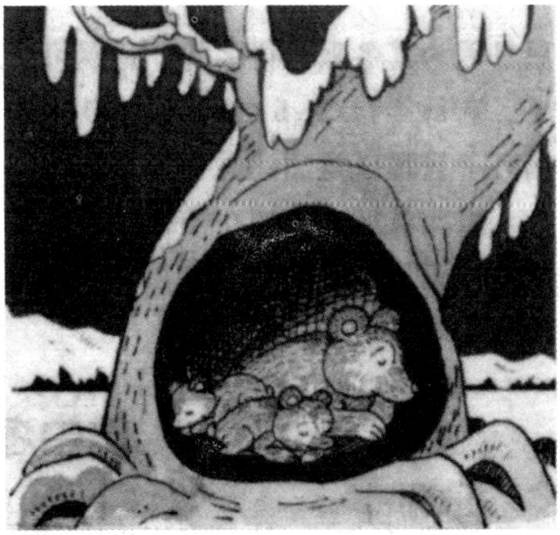

◆我要冬眠，不要打扰我

着的。松鼠睡得更死。有人曾把一只冬眠的松鼠从树洞中挖出，它的头好像折断一样，任人怎么摇撼都始终不会张开眼，更不要说走动了。把它摆在桌上，用针刺也刺不醒。只有用火炉把它烘热，它才悠悠而动，而且还要经过颇长的时间。动物的冬眠真是各具特色，蜗牛是用自身的黏液把壳密封起来。熊在冬眠时呼吸正常，有时还到外面溜达几天再回来。雌熊在冬眠中，让雪覆盖着身体。一旦醒来，它身旁就会躺着 1 ~ 2 只天真活泼的小熊，显然这是冬眠时产下的仔。

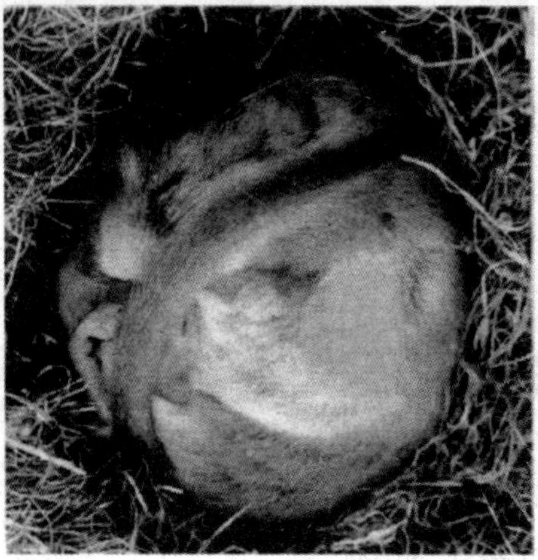
◆睡鼠

动物的冬眠，完全是一项对付不利环境的保护性行动。引起动物冬眠的主要因素，一是环境温度的降低，二是食物的缺乏。科学家们通过实验证明，动物冬眠会引起甲状腺和肾上腺作用的降低。与此同时，生殖腺却发育正常。冬眠后的动物抗菌抗病能力反而比平时有所增加，显然冬眠对它们是有益的，使它们到翌年春天苏醒以后动作更加灵敏，食欲更加旺盛，而身体内的一切器官更会显出返老还童现象。睡鼠是因为其冬眠而得名的，睡鼠可以算是许多冬眠动物中冬眠时间最长的了。它每年有 5 ~ 6 个月（从 10 月到翌年 4 月）的时间处于冬眠状态。英国有一只睡鼠竟酣睡了 6 个月 23 天，可谓世界上冬眠最长的动物了。

由此可见，动物在冬眠时期神经系统的肌肉仍然保持充分的活力，而新陈代谢却降低到最低限度。当今医学界所创造的低温麻醉、催眠疗法，便是由此得到的启发。

昆虫冬眠吗？

和我们人类一样，动物中的鸟兽都是温血动物，那么冷血动物昆虫又是怎样熬过漫长的冬季呢？许多冬眠的昆虫会不会被冻死呢？

各种不同的昆虫，在发育阶段中各有不同时期是冬眠的。蚕蛾在卵期，三化螟在幼虫期，莱粉蝶在蛹期，家蚊在成虫期。钻心虫是以幼虫过冬的。幼虫躲在作物的茎秆时挖凿出长长的隧道，用它自己吐出的丝结成网膜堵住隧道口，以保护冬眠的安全。有的蜘蛛干脆用吐出的丝织成一个袋子，粘附在岩石底下，自己躲在里面，蛰伏着不动，以此来御寒。

◆越冬的蛴螬（金龟子的幼虫）

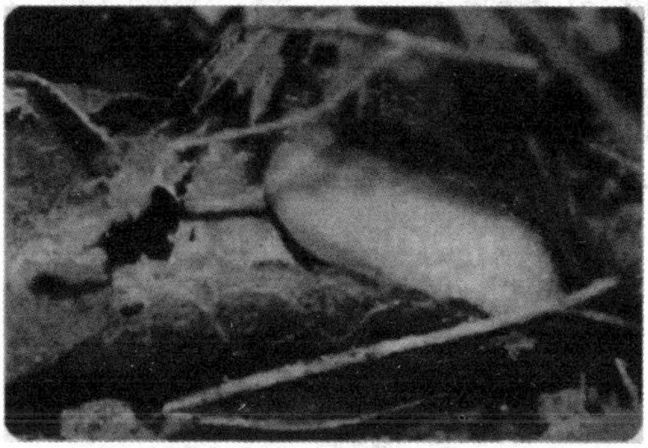
◆越冬的蝶蛹

昆虫学家进行了长期的观察和研究，终于查明了昆虫越冬的部分奥秘。冬天，为了防止汽车散热器结冰，人们要加入防冻液。昆虫竟然也会采用相似的办法，在严寒的冬季保护自己。在冬天，昆虫要保持活动，不被冻僵是至关重要的。活的组织一旦被冻结，膨胀的冰晶体势必使细胞膜受到破坏，造成致命的创伤。当细胞里液体不足，不能保持维护生命所必需的酶活性时，即使没有完全被冻结，也会造成死亡。那么，昆虫是怎样解决这一难题的呢？它们主要是靠降低体内液体的冰点，从而提高抗寒能力，办法就是产生大量的“防冻液”。昆虫是怎样制造防冻液的呢？天暖之后又怎样将防冻液除掉呢？为什么要除掉防冻液？这些问题正在科学家的研究中。

小资料：防冻剂——丙三醇

◆冬眠的青蛙

值得补充的是，科学家们又发现，蛙类也会自制防冻液。在实验室中，科学家们将许多青蛙冷冻起来，5～7天后，再慢慢地使之解冻，这些青蛙解冻后依然活着。经过认真分析和研究，科学家们发现了一种人们在防冻剂中常用的物质：丙三醇。与昆虫相似的是，到了春天，这些青蛙的液体中再也找不到这一物质了。

昆虫越冬前的机体变化

◆刺猬在冬眠前会把自己吃得像一个肥球一样，存储所需的能量

人们在冬季到来之前就准备好了御寒的衣物，家禽也要换上厚厚的羽毛，田鼠要贮备过冬的食物。小小的昆虫也不例外，冬季到来之前，它们也做了多方面的准备工作。

昆虫过冬前的准备工作，是在秋末气候开始变冷、大气温度平均下降到8℃～10℃之间开始的，而整个过程也是循序渐进的、有条不紊的。

首先，是积累营养物质。昆虫在将要进入过冬之前就忙于大量取食，使身体内的脂肪含量逐渐增多，到了停止取食时，身体内的脂肪含量就达到了最高水平。与此同时，身体的其他组织内也在不断地进行着蛋白质和糖类的贮存。这些物质的积累可补偿过冬阶段新陈代谢过程中所消耗的物质。

正常生活条件下，昆虫体内的含水量很高，一般约为体重的70%～80%，也就是说昆虫整个身体重量的大部分都是水。

知 识 窗

趋温性

昆虫在过冬前的准备过程中，除了贮存营养物质和降低体内游离水的含量外，还有一次改变趋性的过程。昆虫属于变温动物，它们的体温是跟随气温的变化而改变着，因此，天热了就向阴凉的地方躲，天冷就要向较暖和的地方跑。这种向暖和地方去的现象，叫作趋温性。

其次，是降低体内的水分。昆虫体内的水，一般分为两种：一种叫游离水，另一种叫结合水。游离水是昆虫从食物中和大气中直接取得的，这种水一般都还没有直接参加身体内部一系列生物化学变化过程。游离水和一般的水相同，比较容易结冰。游离水多了，当温度下降到0℃以下时，昆虫身体就容易冻结而导致死亡。结合水就完全不同了，它本身的物理性质已经改变，因而结合水在零下30℃至零下10℃左右还不结冰，这就提高了昆虫的抗寒能力。

◆厚厚的积雪成了冬眠昆虫的“羽绒被”

趋温性是昆虫度过严冬的一种重要本能。例如专门取食蚜虫的异色瓢虫，天气变冷时，它们就争先恐后地飞到墙缝、草堆以及仓库等较暖和的地方去准备过冬。在土壤中生活并度过冬天的金龟子幼虫（蛴螬）和叩头虫的幼虫（金针虫），天气变冷时，它们便向着土壤深处钻，这是因为10厘米以下深处的土壤温度要比大气温度高7℃以上，20厘米深处的温度要高10℃多。当土壤深度到达60～90厘米时，温度昼夜不变；深度达到12米时，一年四季中的温度，保持着不冷不热的状态。虽然大部分昆虫不会钻到那么深，但钻入到10～15厘米深还是较为常见的。如果大气温度低于-10℃或更低时，昆虫过冬处的土温却只有0℃或稍低点，由于土壤温度较高，昆虫当然就不容易被冻死了。

知识窗

趋湿性

趋湿性也是昆虫一种谋求生存的本能。昆虫在过冬前虽然排去了体内大部分冰点高的游离水，但在荒漠干旱地区，处于过冬期间的昆虫躯体及其周围环境中的水分的蒸发量要比回收量高得多，这对保持昆虫的生理活性极为不利，特别对过冬后的苏醒影响更大。因此，有些种类昆虫（特别是在地表过冬的成虫），它们过冬前常选择在有枯枝、落叶、垃圾等比较潮湿的物体下过冬就是这个原故。

也有些种类的昆虫要钻到树皮下、树干内，或田野、林间的枯枝落叶堆中过冬，这也是一种趋温性的表现。一般说树皮或较深树皮缝中的温度，要比大气温度高2℃～5℃；在树干2厘米深的地方，温度比外面高出5℃～6℃。即使在同一棵大树皮或缝中潜伏过冬的昆虫，向阳的一面也明显地比向阴的一面高得多，因为向阳的一面要比向阴的一面日平均温度高7℃～8℃。

人们也许会想到，如果冬季连降大雪，把在大地上过冬的昆虫深埋了起来，它们都该被冻死了吧。其实厚厚的“雪被”盖满大地，保护了地面热气蒸发，反而使表土及较深土层免受寒风的侵袭及低温冰冻。据测量记载，在雪的覆盖下，一般土表温度可保持0℃或稍低一些。如果雪深达4～5厘米，对土壤保温起着重要作用，这就为在土表或土壤中过冬的昆虫，提供了一床既轻松又暖和的“鸭绒被”。

广角镜：昆虫与“冬眠激素”

几百万年来，小小的昆虫躲过无数的劫难，顽强地生存下来一直到今天，它们依靠着繁多庞杂的种类和强大的繁殖能力，经受住了环境条件的剧烈变化，并且繁衍发展组成了庞大的“昆虫王国”。

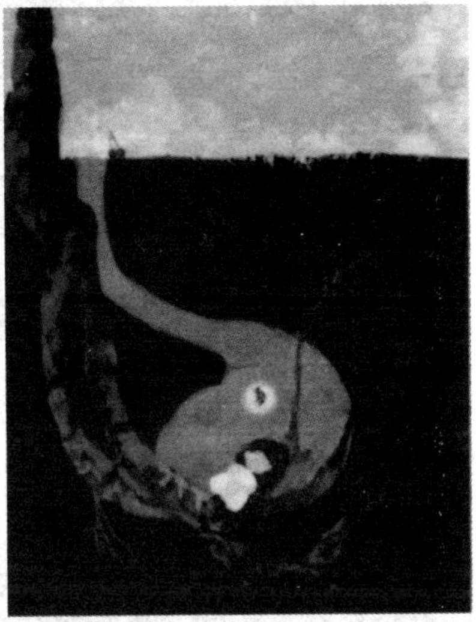

◆如果条件适合，说不定人类也可以冬眠

昆虫与人类的关系密切，人类也早已开始对昆虫的研究，大部分昆虫冬天要休眠，就会分泌“滞育”激素，处于不吃不动的状态，科学家提取这种激素，可以用来治疗人的某些疾病。在冬眠期间，消耗的只是体内蓄积的脂肪，而丝毫不消耗肌肉组织，如果肥胖患者注射了这种激素，只要在被子里“冬眠”一段时间，就可以达到“减肥瘦身”的目的。另外，还可以用来降低手术病人的体温，有利病人治疗，又对机体毫无影响，因为病人在冬眠状态下新陈代谢很慢，对病菌具有免疫力，能抵挡住强辐射，特别是癌症的肿块很难扩散，这样，人们就可以利用“冬眠激素”来配合治疗癌症，这将是癌症病人的一大福音。

◆螟虫躲在作物的茎秆中越冬

昆虫越冬的多种方式

昆虫的种类多，生活习性复杂，过冬时的虫态也不完全一样。经过将常见的200多种农、林昆虫，按过冬虫态区分，得出的结果是：以幼虫过

◆瓢虫吸附在向阳的树干上越冬

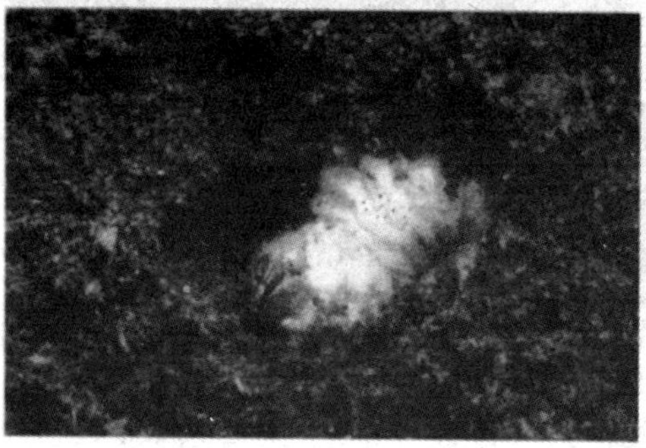
◆在泥土里越冬的幼虫

冬的占43%，以蛹过冬的占29%，以成虫过冬的占17%，以卵过冬的占11%。

昆虫在准备度过寒冷的冬天时，不论它们处于哪个发育阶段，事先都要挑选安全而且僻静的地方躲藏起来，才能进入静止不动的过冬状态。这种过冬现象，就像成熟后的植物种籽存放在仓库里一样，生命并没有停止，只要内在的复苏条件具备，外界条件适合，它们就又开始活动了。

以成虫过冬的昆虫——大多数昆虫在成虫期能取食，或有坚硬的体壁。只要它们把肚子吃饱，储备下足够供冬季消耗的养料，并选择好越冬场所，就能熬过漫长的冬季。双翅目中的蚊、蝇，大部分是以成虫过冬。每年气温逐渐下降，冬季将要来临时，它们就钻到石洞、菜窖、空房、畜舍等阴暗挡风的角落里躲藏起来度准备过冬。

以幼虫过冬的昆虫——能度过冬天的幼虫，多数都已接近老熟。这是因为刚从卵中孵化出来的一龄幼虫，体壁幼嫩，抗拒寒冬的能力极差；二龄后的幼虫，正处在快速取食和发育旺盛的阶段，体腔内所含水分较多，又没有储备足够的为过冬所需的脂肪，因此一龄、二龄的幼虫对度过冬天还很不适应。

万 花 筒 **大豆天蛾如何过冬？**

大豆天蛾以幼虫度过寒冬，当冬季来临，老熟的幼虫便靠坚硬的头壳和身体的蠕动，钻到寄主附近的土里，利用身体上下左右摇摆、挤压，筑成一个坚固的土房子。房子筑好后，还要从嘴里吐出黏液，用来涂刷室壁，使土室更为牢固和光滑。

◆蝗虫正在产卵，它们把卵产在离地表数厘米的洞里

以幼虫过冬的昆虫，除幼虫在身体生理上具备了过冬条件外，选择不同的过冬场所、编织各种形状的防护外罩也是必不可缺少的行为。多种属于鳞翅目中螟蛾科的昆虫，如玉米螟、粟灰螟以及多种危害水稻的钻心虫都以老熟幼虫钻蛀到稻秆深处或根茎中过冬。这些昆虫常常在越冬前尽量延长“隧道”的深度，并用啃下来的碎屑将隧道周围填满，又在隧道进口处吐丝结上一层薄网，这样不但能保持温度，也提供了越冬的安全感。木蠹蛾幼虫和天牛幼虫，它们整个幼虫期就生活在树干内，在树干中取食并构筑隧道，过冬时无需再精心遮盖，只要用粪便把洞口堵严，就万无一失了。

以卵过冬的昆虫——常见的种类大部分属于直翅目中的蝗虫、蟋蟀；同翅目中的蚜虫、粉虱、飞虱、斑衣腊蝉等。鳞翅目中的蛾类，鞘翅目中的叶甲，也有以卵过冬的，但为数很少。

以蛹过冬的昆虫——这类昆虫的数量种类不多，这时因为虽然蛹态的表皮比较坚硬，可遮风御寒，但毕竟是一生较长时间过着静止生活的阶段，在这个阶段缺乏躲避鸟兽、寄生性昆虫等天敌的能力。蛾类的蛹大部分是在地下的土茧中过冬。因为土壤成了它们冬眠温床，只要不受到冬耕翻地的破坏、禽畜的刨食，就可安全过冬。

万花筒

蚜虫如何过冬?

蚜虫在越冬前，把大量具有坚硬卵壁的卵产在寄主的根茎上、枝杈间的向阳面及缝隙处，即使严冬也不会把卵全部冻死。蚜虫就是凭借着这样惊人的繁殖能力和复杂多变的生殖方式越过严冬的。

每年秋末，各种蝗虫进入老熟期准备产卵越冬。产卵时选择适宜的土壤和场所，用腹部末端坚硬的产卵器接触地面，腹部下弯，后腿支起，从生殖器官中排出液体，湿润土壤，同时生殖器用劲往下钻动，大约经过1小时后，就能挖出一个3厘米多深的洞来，这时把卵粒依次产下来。蝗虫在产卵时，还随卵粒排出些泡沫状的胶液，把所有的卵粒包严，最后形成一个与洞深相仿，不怕水浸霜冻的保险胶袋。卵产完后，还要作一番细致的安排：用后足刨土，把洞口填平，再用前足踏实。这样，胶袋里的100多个小生命就将在这“育婴室”般的暖房中度过寒冷的冬天。雌性蝈蝈的产卵管像马刀，蟋蟀的产卵管像倒拖着的长矛。它们的产卵器官虽有不同，但都是用这些“利器”把地面钻出个洞来，再把卵粒竖着产下来。因为一个小洞只有能容纳一粒卵的体积，所以它们产完一粒卵后要再钻洞再产。这样，它们的卵粒在土壤里是分散开的，细密的土壤便构成了天然卵袋。

知识窗

过冬的死亡率

人们做过这样的试验，玉米螟幼虫的过冬死亡率一般在50%～60%，其中多数是因春季失水造成的。危害棉花的三点盲蝽象的过冬卵，早春空气湿度在60%以上时，5月初才能开始孵化，如果没有足够的水分供卵吸收，或久旱不雨，幼虫就不能从卵中孵化出来，这时它们一直要等到有雨露滋润时才苏醒并冲破卵壳重返大自然。

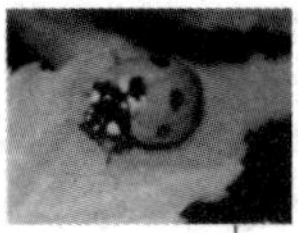

春天了，快醒来吧

过冬的昆虫熟睡了一冬，当天气暖和了就会很快醒来寻找食物，延续它们的生命。一般认为温度是促使昆虫苏醒的重要条件。事实并不完全是这样。

昆虫在准备过冬前，为了降低体内冰点，免遭冻死，曾排出了体内大部分水分；过冬期间为维持肌体活力和较缓慢的代谢过程，又消耗了不少水分。整个冬季它们身体失水过多妨碍了正常的生理活动。严冬结束前，为了少许湿润一下干涸了一冬的外表皮和满足体内生理活动所需要的水分，它们就借助体壁、呼吸系统以及消化系统等各种能用来吸收水分的器官，尽量吸收土壤、空气和植物体蒸发的水分，直到向体内输送的水分足够用时，才开始苏醒活动。

◆冰雪融化时，动物会从冬眠中醒来

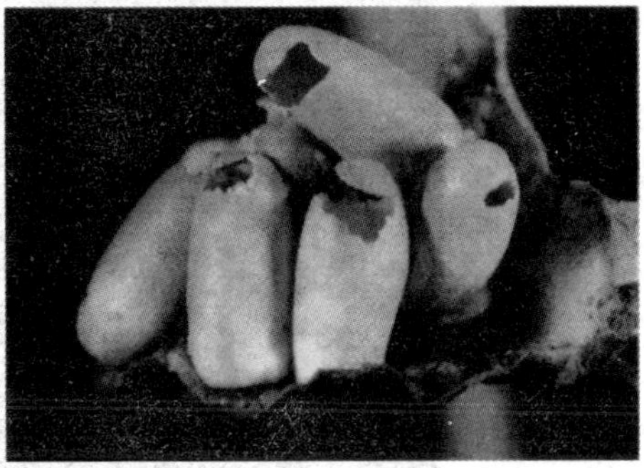

◆大黄金花虫的幼虫将孵化时会从端部咬破卵壳而出

过冬昆虫的苏醒，除要吸收足够的水分外，食物的出现也是苏醒的信号。因为昆虫的发生、发展与植物有着相应的同步性，这是自然界赐予生物的天赋。如以卵过冬的蚜虫，只要所驻的寄主开始发芽，它们就破卵而出去吸吮嫩芽的汁液。同样专门食蚜虫的食蚜蝇，只要蚜虫刚一露面，它们也紧跟着苏醒，把卵产在蚜虫群中。蝴蝶、蜜蜂等嗜花采蜜的昆虫，只有春天花蕾怒放时，它们才展翅飞翔。熟睡在残叶枯草间的小甲虫、叶蝉、蝽象等多种成虫，只要天气变暖、春雨濛濛，万木回春时，便开始活动起来，到处寻找可口的食物。

广角镜：让航天员在冬眠中飞向太空

欧洲宇航局的科学家正试图发明一种技术，让航天员能在“冬眠”状态下在宇宙中飞行。据估算，如果6名航天员在太空中飞行两年，那么飞船上至少要带30吨食品。而且长时间的飞行会使航天员产生很大的心理压力，使他们的肌肉功能变弱。而“冬眠”技术若研究成功后，就会在一定程度上解决这些问题，航天员可以在宇宙飞行中减少进食，减轻飞船的重量，减少燃料，节约发射经费。同时，科学家认为，冬眠有可能减轻航天员生理和心理的压力。欧洲宇航局的科学家们希望为2033年的火星载人飞行设计一种冬眠系统，他们设想在航天员的卧室中安装“睡眠舱”，让他们在睡梦中度过孤独的旅程。

◆不久的将来，航天员可在冬眠中飞向太空，这样可以节省许多的食物，减轻宇宙飞船的重量

新兴学科——“犯罪昆虫学”

福尔摩斯是非常著名的一位侦探家，他能从犯罪现场的蛛丝马迹中找出侦查的突破口。在动物世界中也有它们自己的福尔摩斯，那就是昆虫。它们是犯罪现场最可靠的证人之一，它们为案件作证，它们的“陈述”无可辩驳，但它们从没有发出过只言片语。这些沉默的“证人”，就是出现在犯罪现场的各种动物、植物和昆虫。法医科学家们利用这些特殊的“证人”，通过对犯罪现场的动植物进行详查，在看似无迹可查的疑难案件中抽丝剥茧，寻找出案件的真相。

法医昆虫学——理论依据

根据昆虫学知识可以对尸体的死亡时间、死亡地点、死亡原因及其他事实真相进行分析判断，其理论依据的要点可列举如下：

◆法医总是能在尸体上找到蛛丝马迹

1. 在自然界中，昆虫不仅取食动物的尸体，而且在尸体上、尸体中不断活动，帮助了大量微生物进入尸体，加快其腐败。在动物尸体的分解中，昆虫无疑起着极其重要的作用。对于人类尸体亦是如此。这是法医昆虫学一切工作的基础。假如昆虫与尸体无缘，人们就不可能利用昆虫来判断死亡时间、地点、原因等等。

2. 昆虫到处存在，它们的感觉灵敏，活动能力强，先后会很快抵达尸体。而它们是冷血动物，生长发育速率取决于环境，根据环境温度等条件可以比较准确地计算其发育历期，从而推断死者的死亡时间。

3. 各种昆虫都有其一定的地理分布范围，因而尸体上的昆虫种类可为推断死亡的地点、尸体曾否被转移等提供科学依据。

人体寄生昆虫和螨类溺水超过某一界限必然死亡，但一定的时间内出水可以复苏过来，这可用于溺水时间的推断。

4. 昆虫的发生及其行为都有一定的规律，这些规律常能为案情判断提供重要依据。

5. 化学药品通过食物链而转移，甚至富集。毒物致死剂量一尸体内脏、肌肉内毒物含量一尸体上蝇类幼虫或蛹内毒物含量三者之间，存在着一定的规律，往往呈现一定的数量关系，从而可以作为判断死亡原因的重要根据。

6. 由于人类生活的空间到处都有昆虫，假使在调查中，在一般情况下理应存在昆虫的尸体而没有发现昆虫，显然不是正常现象，可能存在着某些人为的干扰因素。无疑，这也可以为调查提供线索。

昆虫也可以破案

◆法医昆虫学家可以根据尸体上的昆虫判断死亡时间、地点、原因

法医昆虫学家多年来和尸体上的蝇蛆为伴，虽然蝇蛆是如此令人作呕。以前，人们会在尸体解剖之前把这些东西用水冲掉，实际上，它们是推断受害人死亡时间和移尸等作案情况的重要依据。

从昆虫法医学的角度而言，能够对破案有重要意义的，包括蚊、蝇、蚁、蜂、蝶、蛾以及甲虫等。其中，蚊蝇类的昆虫容易被早期、中期的尸体吸引，尤其是绿头苍蝇，它可以在命案发生后的10多分钟内，闻到血腥气味赶到事发现场；而甲虫的出现，则表明死者已经遇害较长时间了。另外，苍蝇产卵的地方也很特殊，它喜欢在人体的体窍处产卵，比如嘴、鼻子、眼睛、耳朵、肛门等处，而且也喜欢在人体的受伤部位产卵。因此，如果法医在尸体的某些部位发现大量蝇蛆，就可以判定，这里可能是伤口所在。根据事发现场蚊蝇种群数量的多少，以及由卵到成虫的发育状态和产卵位置等因素，可有效地帮助警方早日破案。

法医昆虫学——天然的时间表

一提起苍蝇，人们都厌恶不已。但是，这种小虫也不是一无是处。早在800多年前，宋朝的法医就利用它们喜欢“追腐逐臭”的特性，为侦破各种命案提供线索。中央电视台热播的《大宋提刑官》讲的就是这个法医的故事。现代的昆虫法医学也证明，蚊蝇能作法医确实是有其内在道理的。而记者获悉，不仅蚊蝇，而且甲虫也可以充当法医破案。

◆电视剧《大宋提刑官》海报

在西方，弗朗西斯科·雷迪于1668年用腐肉和绿头苍蝇做了一个试验，凭此研究，他不仅推翻了生命的“无生源说”理论（生物起源于非生命物质），并使人们意识到，只有在苍蝇存在的情况下，腐肉才可以生长出蛆。

住在法国巴黎附近的贝尔格雷特于1855年成为了第一个将昆虫作为法医调查“指示器”的西方人。在一间屋内的石膏罩后面发现了一具婴儿尸体，根据收集到的昆虫标本，他确定尸体早在数年前就已经开始腐烂。因此，真正的凶手不是事发当时的房子主人，而是房子的上一任居住者。贝尔格雷特的研究方法与当前使用的法医昆虫学研究方法已经极其相似。

在1883～1898年间，法国的让·皮埃尔·门格林发表了一系列关于法医昆虫学的文章。其中最著名的一篇名为《尸体上的动物》，这篇文章的主要目的是向医学和侦查专家证明昆虫学数据在法医调查过程中的重要作用。

另一位在法医昆虫学领域举足轻重的人物是德国医生莱因哈德，他利用尸体作为研究材料，第一次系统地研究了法医昆虫学。他总结了可以在尸体上生长的昆虫种类，并认为不是所有生长在尸体上的昆虫都可以作为调查材料，例如，一些年龄有 15 岁的甲壳虫，这些昆虫就和尸体没有任何直接关系。

广角镜：推测死亡时间

◆法医勘察现场为破案提供线索

人们在美国西南部一片灌木丛生的沙地上发现了一具年轻男孩的尸体。研究人员从受害者的左眼表面收集到了一些形状不规则的颗粒性物质。检验表明，那是绿头苍蝇的卵。研究人员把现场提取的虫卵带回实验室，进一步培养直至幼虫阶段，他们发现，这些昆虫是一群螺旋锥蝇幼虫。根据气象数据和这种蝇类的特征，研究人员确定，虫卵的降生时间大约是在尸体被发现前的 24 ~ 36 小时之间。之后，调查人员推断，受害者是在其尸体被发现前 36 小时被谋杀的。

庄稼卫士
——生物的“活农药”

昆虫给人类带来的不只是灾难与威胁，它们对人类还有很多益处。这些带来好处的昆虫我们自然就称其为“益虫”了。益虫给人类经济和生活中的很多方面带来好处：蜂类、蝇类、蝶类、甲虫等访花昆虫为农作物传花授粉；家蚕、紫胶虫等昆虫为医学、机电、纺织、石油化工、航天等众多领域提供原料；天敌昆虫在农业防治虫害中的作用越来越大；昆虫食品和保健品越来越受欢迎；很多药用昆虫是东方传统药物宝库的重要组成部分；昆虫文化亦是中国文化不可或缺的组成部分。

◆在森林中为益虫搭建的小屋，提醒人们保护益虫

蚜虫的天敌——七星瓢虫

七星瓢虫是鞘翅目瓢虫科的捕食性天敌昆虫，成虫可捕食麦蚜、棉蚜、槐蚜、桃蚜、介壳虫、壁虱等害虫，可大大减轻树木、瓜果及各种农作物遭受害虫的损害，被人们称为“活农药”,在我国各地广泛分布。

七星瓢虫产卵于有蚜虫的植物寄主上。成虫和幼虫均以多种蚜虫、木虱等为食。系益虫，应予保护。

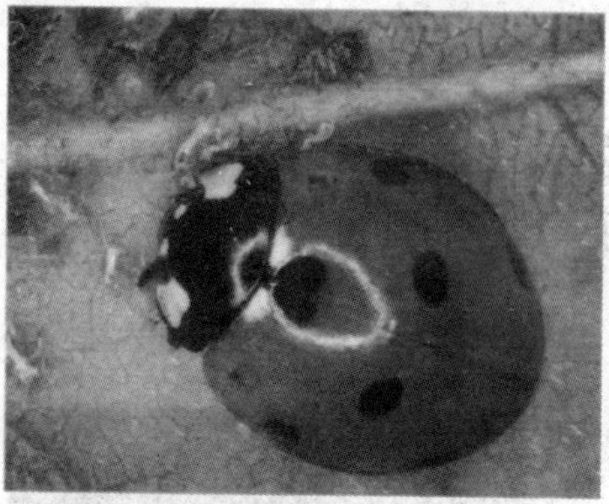

◆七星瓢虫在捕食蚜虫

◆七星瓢虫背上有七颗星

七星瓢虫分布非常广，但是较少成群群聚。另外，人们还把它们称为“花大姐”。

七星瓢虫分布在我国东北、华北、华中、西北、华东和西南等一些省区；另记载于蒙古、朝鲜、日本、前苏联、印度及欧洲地区也有分布。

成虫体长5.2～6.5毫米，宽4～5.6毫米。身体卵圆形，背部拱起，呈半个水瓢状。头黑色、复眼黑色，内侧凹入处各有1淡黄色点。触角褐色。口器黑色。上额外侧为黄色。前胸背板黑色，前上角各有1个较大的近方形的淡黄斑。小盾片黑色。鞘翅红色或橙黄色，两侧共有7个黑斑点，翅基部在小盾片两侧各有1个三角形白地。体腹及足黑色。

万花筒

七星瓢虫的捕食量

七星瓢虫取食量大小与猎物密度有关。在猎物密度较低时，捕食量随密度上升而呈指数增长；在密度较高时，捕食量则接近极限水平。据统计，七星瓢虫对烟蚜的平均日取食量为：1龄10.7头，2龄33.7头，3龄60.5头，4龄124.5头，成虫130.8头。七星瓢虫近80天的生命期可取食上万头蚜虫。

20世纪70年代在黄河下游已开始用助迁法防治棉花和小麦蚜虫，90年代开始人工繁殖，并用于生产。七星瓢虫以鞘翅上有7个黑色斑点而得

◆七星瓢虫也有翅膀，能飞翔

名。每年发生世代数因地区不同而异。例如，在河南安阳地区每年发生6～8代。北方寒冷地区，每年发生世代数则较少。七星瓢虫成虫寿命长，平均77天，以成虫和幼虫捕食蚜虫、叶螨、白粉虱、玉米螟、棉铃虫等幼虫和卵。七星瓢虫1只雌虫可产卵567～4475粒，平均每天产卵78.4粒。七星瓢虫对人、畜和天敌动物无毒无害，不污染环境。

七星瓢虫有较强的自卫能力，虽然身体只有黄豆那么大，但许多强敌都对它无可奈何。它3对细脚的关节上有一种“化学武器”，当遇到敌害侵袭时，它的脚关节能分泌出一种极难闻的黄色液体，使敌人因受不了而仓皇退却、逃走。它还有一套装死的本领，当遇到强敌和危险时，它就立即从树上落到地下，把3对细脚收缩在肚子底下，装死躺下，瞒过敌人而求生。

瓢虫之间还有一种奇妙的习性：益虫和害虫之间界限分明，互不干扰，互不通婚，各自保持着传统习惯，因而不论传下多少代，都不会产生“混血儿”，也不会改变各自的传统习性。

动动手：与七星瓢虫亲密接触

捉一只七星瓢虫，用手指头轻轻捏一下，手指头马上就会沾一滴黄水，这是它的保护液，气味很难闻。不过对人体无害。

七星瓢虫还有伪装本领。根据七星瓢虫的假死习性，你突然摇动植物枝条，地面往往有装死的七星瓢虫。你可以用这种方法在野外寻找七星瓢虫。

刚从蛹壳钻出的七星瓢虫，呆在蛹壳上一动不动。这时候，你可以做一个有趣的实验：用手指头突然推它掉下来，吓唬一下，过了一天多，七星瓢虫鞘翅逐渐变硬，但是7个斑点始终不能出现，成为一只“无斑点”的七星瓢虫。

蝴蝶，是敌？是友？

◆翅膀透明的蝴蝶

蝴蝶与人类的关系，到底是有害还是有益的呢？具体来讲，蝴蝶在幼虫期是害虫，因为它啃食植物；在成虫期是益虫，因为它通过飞行给植物传授花粉。其实给人类造成物质损害的蝴蝶种类并不多，如危害水稻的稻弄蝶、稻眉眼蝶，危害十字花科蔬菜（卷心菜）的菜粉蝶，危害柑橘的玉带凤蝶和柑橘凤蝶，加害樟树的樟凤蝶，加害铁刀木的迁粉蝶。绝大多数蝴蝶都是有益的，如为植物传授花粉，维持生态平衡，美化了大自然。如果地球上没有了蝴蝶与蜂，也就没有了艳丽的花朵，大地也就黯然失色。此外有专吃蚜虫的蚜灰蝶，还有其他可供药用或食用的种类。

优雅的“飞翔者”——蜻蜓

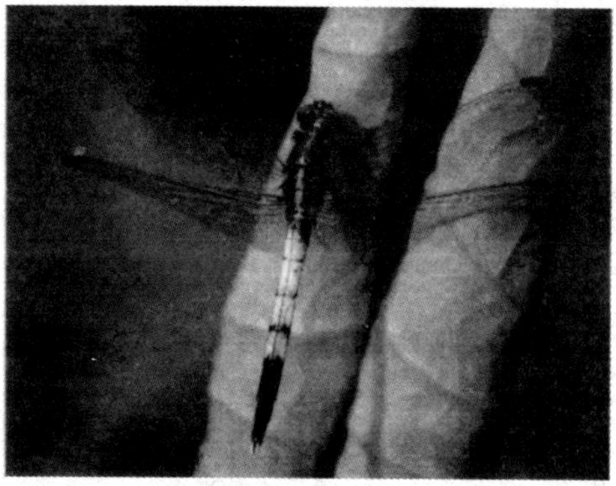
◆夏日的舞者——蜻蜓

蜻蜓常见于全世界各地的淡水生境附近。并出现在国画、油画、散文、电影、医药和动漫等领域，为我们熟知的昆虫。

蜻蜓可分为蜻蜓类的差翅亚目和豆娘类的束翅亚目（均翅亚目），另有将日本大绿和在印度发现的一种蜻蜓等仅两种划为间翅亚目的。大型昆虫，也是有翅亚纲里的最原始的昆虫。翅发达，前后翅等长而狭；头部可灵活转动，触角短，复眼发达，有3个单眼，咀嚼式口器强大有力。雄虫交配器位于腹部二、三节腹板上。不完全变态，幼虫“水蚕”生活在水中。无论成虫还是幼虫均为肉食性，多食害虫，约有5000余种。

万 花 筒

蜻蜓的种类

在我国约300种，最常见的蜻蜓有3种：碧伟蜓、黄蜓和豆娘，这3种蜻蜓基本上代表了蜻蜓目的各个科，即代表了大型、中型和小型蜻蜓。

◆蜻蜓的咀嚼式口器强大有力

蜻蜓一般体型较大，翅长而窄，膜质，网状翅脉极为清晰，飞行能力很强，速度每秒钟可达10米，既可突然回转，又可直入云霄，有时还能后退飞行。休息时，双翅平展两侧，或直立于背上。前翅和后翅不相似，后翅常大于前翅。翅的前缘，近翅顶处，各有1个翅痣，呈长方形或方形，可保持翅的震动规律性，并可防止因震颤而折伤。头部能灵活转动，复眼1对，较大，约占头部的二分之一，约由2.8万多只小眼组成，是世界上“眼睛”最多的动物。视觉极为灵敏，单眼3个；触角1对，细而较短；咀嚼式口器。腹部细长、扁形或呈圆筒形，末端有肛附器。足细而弱，上有钩刺，可在空中飞行时捕捉害虫。下雨前喜低空往返飞行。雌雄交尾也在空中进行。多数雌虫在水面飞行时，分多次

将卵“点”在水中；也有的将腹部插入浅水中，将卵产于水底。稚虫水虿，在水中用直肠气管鳃呼吸。一般要经 11 次以上蜕皮，需时 2 年或 2 年以上才沿水草爬出水面，再经最后蜕皮羽化为成虫。

蜻蜓除能大量捕食蚊、蝇外，有的还能捕食蝶、蛾、蜂等害虫，实为益虫。

广角镜：萤火虫是益虫吗？

◆黑夜里的灯火——萤火虫

作为一种观赏型昆虫，萤火虫是一种重要的益虫。它是蜗牛的天敌，由于蜗牛的天敌数量极其有限，萤火虫又较其他种类的天敌更容易获得，因此被视为最具前景的生物防治蜗牛的种类。作为一种生态指示型昆虫，萤火虫对环境变化极为敏感，其数量在一定程度上可反映某地区环境质量状况。

萤火虫专吃蜗牛和钉螺，所以是一种益虫。我国和日本曾经利用萤火虫控制血吸虫病，取得了良好的效果。斯里兰卡曾采用萤火虫来对付祸害农作物的蜗牛。

肉食动物——螳螂

螳螂亦称刀螂，无脊椎动物。属于昆虫纲、有翅亚纲、螳螂科，是一种中型至大型昆虫，除极地外，广布世界各地，尤以热带地区种类最为丰富。世界已知 1585 种左右。中国已知约 51 种，其中，南大刀螂、北大刀螂、广斧螂、中华大刀螂、欧洲螳螂、绿斑小螳螂等是中国农、林、果树和观赏植物害虫的重要天敌。螳螂是可怕的食肉动物，它们能吃掉小蜥

◆螳螂，前足形似一把大刀，上面还有倒刺

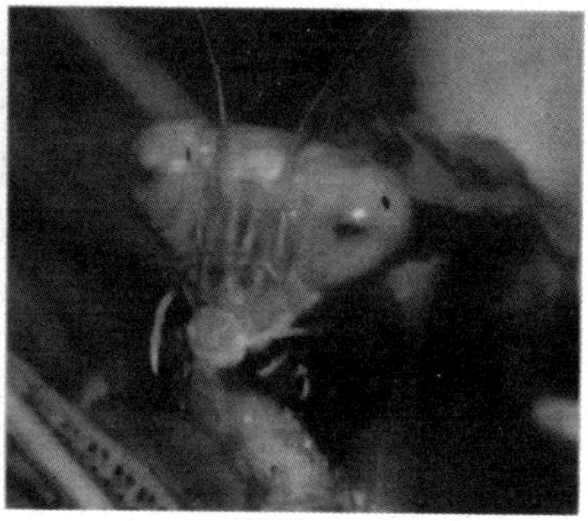

◆螳螂有强大的口器

蜴、青蛙、蛇、蜂鸟，甚至小啮齿动物。

螳螂在田间和林区能消灭不少害虫，因而是益虫。有保护色，与其所处环境相似，借以捕食多种害虫。

螳螂身体为长形，多为绿色，也有褐色或具有花斑的种类。头呈三角形，能灵活转动。复眼突出，单眼3个。咀嚼式口器，上颚强劲。前足为捕捉足，中、后足适于步行。渐变态。卵产于卵鞘内，每1卵鞘有卵20～40个，排成2～4列。每个雌虫可产4～5个卵鞘，卵鞘是泡沫状的分泌物硬化而成，多粘附于树枝、树皮、墙壁等物体上。初孵出的若虫为“预若虫”，脱皮3～12次始变为成虫。一般1年1代，一只螳螂的寿命约有6～8个月，有些种类行孤雌生殖。

螳螂肉食性，性残暴好斗，缺食时常有大吞小和雌吃雄的现象。分布在南美洲的个别种类还能不时攻击小鸟、蜥蜴或蛙类等小动物。

小资料：“以身殉情”的螳螂

螳螂之间会自相残杀，在食物缺少的情况下，体形较大的螳螂往往会吃掉体形较小的同类，所以人们常常会在荒郊野外发现一些无头的螳螂尸体。尤其令人惊异的是，当雄螳螂和雌螳螂的交媾正在进行的时候，体形较大的雌螳螂就将

◆在螳螂交配完成之后，雌性会十分残忍地一口咬下雄性的头

它的“丈夫”当作食物吃起来！

为什么雌螳螂会将与其交配的雄螳螂当作食物吃掉呢？这可能是因为雌螳螂在交配、繁殖、产卵的过程中，必须消耗大量的体能，因此交配时的雄螳螂就成为其最方便的一种食物了。这种现象虽然看起来十分残酷和野蛮，但雌螳螂正是通过这种方法来摄取能量，从而成功地繁衍后代的，而雄螳螂这种“以身殉情”的精神，当之无愧地成为动物界中对爱情最为坚贞的“大丈夫”。

广角镜：蚂蚁是益虫还是害虫？

◆勤劳的蚂蚁

因为蚂蚁的种类繁多，是数量最多的昆虫种类。仅我国已确定的蚂蚁种类就有600多种。其中“臭名昭著”的白蚁是大害虫，众所周知的“千里之堤，溃于蚁穴”！主要是指白蚁。不同蚂蚁的危害虽各有其特点，但蚁后一般都深居穴内司繁殖之职，主要是工蚁出穴寻食造成危害。以某一种蚂蚁吃的某种食物，来简单判断蚂蚁是“益”或“害”是不科学的，不足为据的，同样也不能因为某种蚂蚁有一定的药效就说它对人类有益，应该具体分析。我们经常在户外见到的小黑蚂蚁，也是我们所处的生物链中较重要一环，我们丢弃的食物垃圾、碎渣及死去的昆虫尸体等等，如果没有蚂蚁等昆虫的进一步消化，我们所生活的环境很快就会变得腐臭不堪。

寄生蜂——金小蜂

金小蜂，属于膜翅目昆虫，是一生中只有一段时期营寄生生活的一种寄生蜂，产卵在越冬红铃虫幼虫的身上，孵化为幼虫后就寄生在红铃虫幼虫体上，并以它的身体为食。但金小蜂或其他任何寄生蜂的成虫，都是在空中生活的。

◆披着金色外衣的金小蜂

它属于小蜂总科，在这一科中，昆虫体小，长1～5毫米左右，最小的仅0.2毫米，翅脉退化，在前翅主要为沿翅前缘的亚缘脉、缘脉、后缘脉及痣脉；有的类群在亚缘脉与缘脉之间有一小段翅脉呈弯曲状，末端折而汇入缘脉，称作缘前脉，后翅翅脉更加简单，无痣脉。

广角镜：金小蜂让蟑螂成为“傀儡”

金小蜂是一种热带地区生活的蜜蜂，它们可以向蟑螂喷射出一股毒液，从而阻碍蟑螂体内真蛸胺，这是一种关联身体灵敏性和移动的神经传递素。一旦蟑螂成为金小蜂的奴隶对象，金小蜂会将自己的卵产在蟑螂体内，当金小蜂的卵孵化之后，幼虫会开始啃咬蟑螂的内脏。

◆金小蜂让蟑螂成为“傀儡”

但金小蜂如何控制蟑螂的“思想”呢？这只是一个时间的问题而已，金小蜂的卵需要一个星期时间成熟，成年金小蜂的毒液会让蟑螂在这段时间内就像一个傀儡那样无聊地生活下去，很无助，完全就是为了满足金小蜂幼虫的生长。

小资料：科学家完成金小蜂基因组测序

通过基因组测序，研究人员发现了与金小蜂蜂毒有关的基因。他们还确认，金小蜂会从细菌和痘病毒那里获取新基因。他们还找到了在3种金小蜂中快速演化的细胞核及线粒体基因。此外，金小蜂还可能对研究脱氧核糖核酸甲基化有用。

拟寄生性黄蜂可以攻击并杀死多种害虫，但很多拟寄生性黄蜂比大头针的针头还小，因而不为人所关注。实际上，拟寄生性黄蜂相当于"智能炸弹"，如果能够开发它们的全部潜力，其在病虫害防治方面的功效要远远优于杀虫剂。

愿为花儿做红娘
——授粉昆虫

授粉昆虫是指昆虫在采蜜的过程中，对异花授粉的植物有传媒作用，多为蜂类，因而被称为农业之翼。国外对授粉昆虫研究得较多，日本和西欧有专门的授粉昆虫公司为农户提供授粉昆虫，已形成了产业化。我国在农林业上对授粉昆虫的应用较为广泛，在许多异花授粉的经济作物上取得了显著的成效，如意蜂广泛用于农林作物、瓜果传粉。它们都是农民的好帮手。

◆花开季节，需要大量的授粉昆虫来传粉

春天花开艳，昆虫授粉忙

在自然界起到传粉作用的昆虫主要是半翅目、缨翅目、鞘翅目、鳞翅目、双翅目和膜翅目的昆虫。但各类昆虫的传粉对象和习性不同，所起的作用更是不同。鞘翅目，如甲虫常栖息于花上，但其体壁一般坚硬且较光

◆蜜蜂是授粉冠军

滑，不易携带花粉，其咀嚼式口器常取食花粉，并经常伤害花朵。半翅目昆虫趋花性不显著，传粉作用也不大。缨翅目昆虫的个体小，虽数量较多并长时间停留在花中，但活动力差，一般仅在自花授粉的植物中起一定作用。鳞翅目的蝶、蛾类均常见于花丛中，但它们仅为自身营养而短暂地吸食花蜜，且有很多种类是在飞翔状态中吸食花蜜，夜出性的蛾类只为夜间开花的少数植物传粉，所以这类昆虫的传粉作用也有一定局限。

知识窗

采花大盗——蜜蜂

由于蜜蜂与植物长期协同进化，蜜蜂具有较长的口器和特有的采粉器官，吸食花蜜而不伤害花朵，体表多毛易沾着花粉，特别是其幼虫期和成虫期生理上均对花粉及花蜜的固有要求，所以在为植物传粉中具有独特的作用。

双翅目的各种蝇、虻等也常见于花上，有一定传粉作用，有的具有相当长的口器，便于取食花蜜，如花蝇等，但大多数双翅目昆虫喜欢采粉于带有臭味的十字花科及伞形花科植物，所以作用也有限。膜翅目各类蜂、蚁等都起一定的传粉作用，其中以蜜蜂类的传粉作用最突出，这是由蜜蜂的形态特征和生理及行为上的特异条件所决定的。它们终日飞翔于花丛之中，1 分钟内可达到采粉于几朵至十几朵花的效率。

小资料：谁发现了昆虫能授粉?

昆虫为植物传粉这一自然现象早已被人们认识。我国太古时期，园艺者培育紫莞、油茶等多种花卉品种就是利用异花授粉这一自然现象进行的。国外最早注意到此问题的是施普伦格尔（Christian Konrad Sprengel），他（1793）在所著的《植物受精及花的结构中所揭示的自然秘密》一书中分析了花和昆虫的关系时指出，花的色、香、味均能吸引昆虫，而昆虫则以花蜜及花粉为营养，昆虫在吸蜜及采粉过程中起到了传粉作用，使植物结实。达尔文所著《被昆虫传粉的兰科植物的各种适应性》（1862）及《植物界的自花授粉与异花授粉》（1876）2部经典著作，对植物授粉及昆虫与植物之间的关系予以科学的解释，正确地阐述了昆虫与植物在演化及自然选择过程中细致的相互适应的生物学意义。实践证明，昆虫传粉是一项经济有效的增产措施，国内外已广为利用。

◆为纪念德国植物学家施普伦格尔（Christian Konrad Sprengel），人们将他的墓碑立于树林中

万 花 筒

昆虫的传粉回报

俗话说，天下没有免费的午餐。既然这样，那么昆虫为什么会“无缘无故”来为植物的花朵授粉呢？其实不然，昆虫到花朵上当然不是为传粉而来，其真正的目的是来获取自己所需要的食物——花粉和花蜜，在获取美食的过程中起到了传授花粉的作用。传粉昆虫为植物做媒牵线搭桥，而植物提供了传粉昆虫生长发育所必需的营养，真可谓“相得益彰”。

授粉动物大盘点

动物媒，是最高级的传粉方式，它具有最高的授粉效率。大多数的异花授粉植物是靠动物授粉。授粉动物的种类很多，分列于下：

猴子能为一种产蜜的热带植物传播花粉。袋鼠能为澳大利亚荷莲豆草属的一种植物传粉。

◆为一种高种仙人掌植物传粉的白翅鸽

1. 蜗牛类及蜘蛛类，少数生长在湿地的植物靠蜗牛授粉，两种金蜘科的蜘蛛能够授粉，但是效果并不佳。

2. 鸟类约有50科2000种的鸟会访花，其中三分之二以花为食。取食花粉的鸟类，有澳大利亚地区的绣眼儿科、非洲及亚洲的蜂鸟科及花蜂鸟科。蜂鸟为许多野生夹竹桃类植物授粉，一种白翅鸽为一种高种仙人掌植物——德州油柱授粉。另有仙人掌鹪鹩、啄木鸟、金翼啄木鸟及鸫科鸟类都会为植物授粉。鸟媒花通常颜色鲜艳、花蜜多，才能吸引鸟类来访。

3. 哺乳类蝙蝠以仙人掌、龙舌兰的花蜜及花粉为食。热带的飞鼠类，也以花为食。人们为育种的需要，以人工的方式为植物授粉。

4. 昆虫类授粉昆虫的种类很多，有蚂蚁、蚜虫、蜂类、甲虫、蝴蝶、蛾类、蚊子、胡蜂及苍蝇等。在395种植物上采得838种授粉昆虫，其中膜翅目43.7%、双翅目26.4%、鞘翅目14.4%。而蜜蜂总科占膜翅目的55.7%。能授粉的昆虫类以蜜蜂类为最重要。其他蜂类以身上多毛者，如熊蜂、没食子蜂可传花粉。其他昆虫的授粉功能并不大，取食花粉之际，或多或少为植物授粉。约有23科的甲虫类取食花粉，授粉的能力也有限。有些昆虫取食了花粉才能产卵，加拿大邻近美国阿拉斯加地区动物分布较少，一种特有的雌蚊子取食花粉替代动物的血液后才产卵。一般蝴蝶只取食花蜜，不取食花粉。然而，在新热带地区有14种展足蛾属的蝴蝶取食花粉。有些蛾类也取食花粉，一种丝兰

◆谁说苍蝇只干坏事?

蛾的雌蛾口器构造特化，可以取食花粉。鳞翅目昆虫为吮吸式口器，无法取食花粉，身上都是鳞粉，不会携带花粉，长的口吻以吸食花蜜为主。

万花筒

苍蝇传粉

苍蝇是一种重要的授粉昆虫，它可在洋葱、芒果、苹果、酪梨、樱桃、梨子及草莓等植物上授粉。蚂蚁、蚜虫能为可可椰子授粉。

链接：昆虫传粉的重要性

提高作物产量和果实质量——昆虫传粉能使作物得到选择授精的机会，提高杂交优势，从而提高果实和种子的产量和质量；另一方面，大量的花粉可以刺激花粉萌发，使胚珠及时得到充分受精，从而使果实发育充分，提高果实和种子的产量和质量。

经济价值高——以蜜蜂传粉为例，蜜蜂为作物传粉使作物高产而获得的经济价值，要比蜜蜂生产蜂产品的获益高数百倍。

对美化环境和维护自然生态平衡的作用——昆虫为植物传粉的结果，大大提高了植物异花授粉的几率，使得地球上的植物多样化。这既使得自然界生机勃勃，又维护了自然界的生态平衡。

综上所述，动物媒的种类很多，但主要是鸟类和昆虫类两类。然而，某些鸟类（如吸蜜鸟）的传粉作用，远不如个体小、数量多、善飞翔的昆虫。因此，也只有当有翅的昆虫参与植物授粉后，植物界的面貌，才会大大地改观。于是，裸子植物开始向更高级的被子植物进化，虫媒植物的孢子叶球，逐渐演变成被子植物的花。虫媒花的花粉粒数目较风媒花少，但花粉比较

◆ “我也来传花粉”——一种能传粉的壁虎

黏重，容易粘附在昆虫体上，便于昆虫采集，同时还有花蜜、香味、鲜艳的花冠，适于诱引昆虫前来采集。通过昆虫在花丛中来往活动，花粉便顺利地传播到其他花的柱头上。虫媒的方式比起风媒来，不但节约花粉，而且准确可靠得多。

广角镜：植物也来当“红娘”

◆橡树的花朵很小

根据对植物的观察，不少风媒植物，如栗树、柯树、栎树、橡树等的花，也能分泌花蜜和可供采集的花粉，所以蜜蜂也会去采集。另外，蜜蜂为了采集花粉，也来到若干不具花蜜的风媒植物或自花授粉植物的花朵上，如玉米、高粱、水稻等。可以推断，在植物进化的过程中，虫媒将逐渐取代风媒的作用；自然选择也将不断促使虫媒花与昆虫之间，形成更完善的相互适应关系。植物界中风媒向虫媒的演变，正好比动物界中体外受精向体内受精演变一样，在传种接代的方式上，是个重大的飞跃。

克希勒（1911年）的统计显示，在欧洲的植物区系中，有80%的被子植物是昆虫传粉的。据纳斯1899年的记载，在395种植物上的838种传粉昆虫中，膜翅目占43.7%，而蜜蜂总科又占膜翅目总数的55.7%。这个数字说明，蜜蜂类在演化过程中，已逐渐代替了其他动物，成为最主要的传粉昆虫。

◆猕猴桃花，蜜蜂的最爱

中国科学院吴燕如教授对猕猴桃花期的昆虫种类和数量的调查结果显

示，访花昆虫共16种，其中蜜蜂11种，食蚜蝇4种，金龟子1种；对它们传粉行为和访花频率的统计结果显示，中华蜜蜂和意大利蜜蜂是花粉的最佳传授者，其他昆虫活动次数少，携带花粉量也少，其授粉效果远不如蜜蜂。

广角镜：蜜蜂原来是色盲

大量的观察显示，蜜蜂在授粉昆虫中占85%以上。试验证明，蜜蜂无法将鲜红色与黑色、深灰色辨别开来。鲜红色对蜜蜂来说，并不是醒目的颜色。因此在自然界中，绝大多数植物的花都是黄色和白色的。可见，在自然选择的作用下，连虫媒花颜色的形成，也是和授粉昆虫的视力特点密切相关的。

◆蜜蜂原来是色盲

传粉昆虫——被轻视的“濒危动物”

每当人们提及“濒危动物”这一名词时，便会不由自主地与一些熟悉的名字联系在一起，如：老虎、熊猫、秃鹫等。最近，《美国国家地理》杂志发表文章指出，依据最新研究显示，全球绝大多数濒于灭绝的物种却是“微不足道”的昆虫。而作为植物的“红娘”——传粉昆虫，恰恰属于这些被忽略的“多数派”。

◆常出现因为生态环境改变造成蜜蜂死亡

◆熊蜂长得有点像蜜蜂，它们的个头比较粗壮多毛，一般黑色居多并带有一些黄色或橙色条纹

◆油菜花开花时节喷洒农药对采蜜的蜜蜂不利

根据科学研究，人们已经确认了许多对传粉昆虫产生威胁的因素。包括生态环境的改变、外来植物的引进和农药的毒害。

生态环境的改变：农事操作、放牧、栖息地的发展都会导致为传粉昆虫提供食物和栖息地的植物资源的减少。传粉昆虫依靠本地植物，因为它们通常不能从引入的植物花中获取植物回报。很多蜜蜂除了需要大量的花为其提供花粉和花蜜，还需要很多其他植物的花以维持其整个生育期中的种群。所以，生态环境的改变对传粉昆虫的生存产生了严重的后果。

农药的毒害：农药可对传粉昆虫产生直接的杀伤和间接的伤害，是传粉昆虫面临的主要问题。例如，化学农药会直接毒害蜜蜂，或使蜜蜂将沉积的有害物质带回蜂巢毒害幼虫或其他蜜蜂；除去直接伤害，农药还会导致蜜蜂反常的舞蹈交流方式和错误的食物资源指示。

1998 年美国著名的《科学》杂志上发表了一篇名为《处于危险中的传粉昆虫》的文章指出，为植物传粉的生物种类正急剧下降，全世界的科学家在呼吁提出解决这一问题的方案，一个世界性的科学家群体正在要求对传粉物种的减少而采取措施，这种减少不仅威胁生物多样性而且还威胁世界粮食产量。其中蜜蜂的处境尤为危险，许多经济作物依靠传粉的蜜蜂处境尤为危险。在德国、澳大利亚、英国、前苏联、波兰、意大利、加拿大

◆美国蜜蜂染怪病，纷纷死去

和哥斯达黎加，已经记载了某些种类蜜蜂数量的大幅度降低。在较大程度上依靠驯养蜜蜂为作物传粉的北美，自1990年起，蜜蜂的数量降低了大约25%。除去农药的毒害和生态环境改变引起的减少外，还有寄生虫的进攻，使其种群数量减少了25%。其他的传粉昆虫的处境也很糟糕，很多还濒临灭绝的边缘，其中可能还包括很多尚未发掘的传粉昆虫资源。

广角镜：人不犯它，它不犯人

◆马蜂毒性很大，千万别去惹它

马蜂是益虫。它捕食多种农业害虫。当然，它也捕食蜜蜂这样的益虫，但捕得更多的是坏虫，它的好多于坏。通常它“人不犯我，我不犯人”，所以千万不要乱捅马蜂窝。如果居民想自行摘除马蜂窝，可以采取火烧、烟熏、袋套三种办法。火烧：将火把伸向或举起至蜂窝；烟熏：用草或者稻秆燃烧所发出烟来熏走马蜂；袋套：穿上厚衣服包住头脸，用编织袋或麻包袋将其套住摘除。如果没把握，还是求助消防部门摘除更为安全。

花“引诱”雄性昆虫授粉

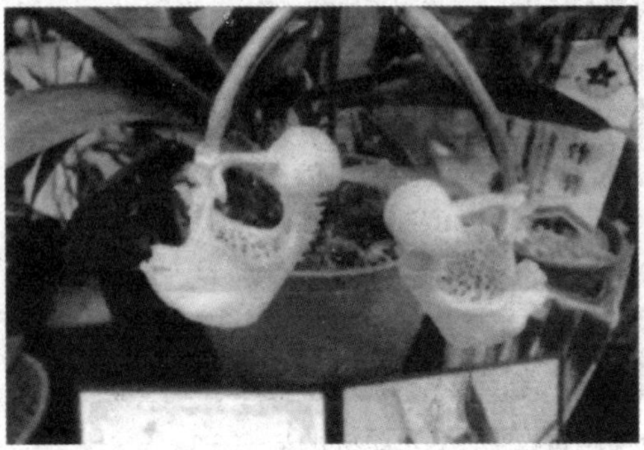

◆吊桶兰的花朵就是一个吊桶“捕捉”传粉的昆虫

◆台兰又叫蜜蜂兰，花形酷似雌性蜜蜂，有头、有翅、有腹

虽然大多数开花植物利用花蜜的美味吸引昆虫授粉，但是许多兰花品种却采取欺骗性手段。有些兰花使用所谓的食物欺骗，例如吊桶兰，其桶状的唇瓣就像是为传粉昆虫设下的圈套。美丽的吊桶兰从2个分泌腺分泌出糖浆液，引诱传粉昆虫，昆虫为甜汁液所吸引，在钻进花蕊时，就会滚到“吊桶”中，“吊桶”内又湿又黏，昆虫要想从中逃脱可是困难重重，待它从花蕊基部出口挣扎出来时，身上已沾满出口处涂上的花粉，带着花粉的昆虫又接着飞向其他花朵。更为奇特的是，有的兰花利用性欺骗。它们开的花，看上去像雌性昆虫，通常吸引蜜蜂或黄蜂来授粉。蜜蜂或黄蜂被兰花的雌性气味吸引而来，并试图与它交配。这样一来，兰花意外地达到了授粉的目的。有一种原产英国的蜜蜂兰，其花朵的形态完全和一只雌蜂一样，同时还散发出吸引雄蜂的香味，让雄蜂为它反复地传粉。

广角镜：爆炸蚂蚁

◆爆炸蚂蚁

蚂蚁会引爆自己的身体？这听起来似乎是一个玩笑，但对于马来西亚的一种奇特蚂蚁而言，这是它们的顶级防御绝招。当它们遭遇敌人威胁时，会消耗体内的能量，将身体引爆。据称，这种有奇特防御策略的蚂蚁名叫兵蚁，其体内有装着毒气的巨大体腺，当它们感知到危险状况时，就会聚集体内的苯乙烯气体，将自己的身体引爆或者喷射出毒气。

春蚕到死丝方尽
——昆虫与人类艺术

◆美丽的昆虫

昆虫给人的生活增添了五彩缤纷的色彩，给文学艺术的创作提供了丰富的源泉。以虫为边旁的文字就有240多个。唐代李商隐的千古名句“春蚕到死丝方尽，蜡炬成灰泪始干”。李白在《长干行》中有“八月蝴蝶黄，双飞西园草”的诗句。杜牧有“银烛秋光冷画屏，轻罗小扇扑流萤”，陆游也有“老翁也学痴才女，扑得流萤露湿衣”的佳句。毛泽东主席在《满江红和郭沫若同志》，一词中也有：“小小环球，有几个苍蝇碰壁。嗡嗡叫，几声凄厉，几声抽泣。蚂蚁缘槐夸大国，蚍蜉撼树谈何易。”的著名诗句。

昆虫与绘画艺术

在绘画中，花鸟鱼虫是最平常的题材。在北京颐和园的彩绘长廊中有86幅蝴蝶画，共画有136只形态各异的蝴蝶，可见昆虫与人类是息息相关的。

在魏晋南北朝之前，花鸟作为中国艺术的表现对象，一直是以图案纹饰的方式出现在陶器、铜器之上。那时候的花草、禽鸟和一些动物具有神秘的意义，有着复杂的社会意蕴。人们图绘它并不是在艺术范围内的表现，而是通过它们传达社会的信仰和君主的意志，艺术的形式只是服从于内容的需要。

◆以昆虫为题材的国画

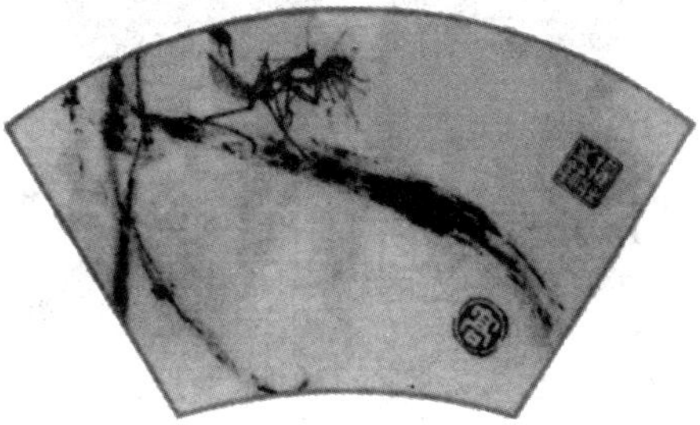

◆画中的螳螂栩栩如生

人类早期对花鸟的关注，是孕育花鸟画的温床。史书记载，魏晋南北朝时期已有不少独立的花鸟画作品，其中有顾恺之的《凫雁水鸟图》、史道硕的《鹅图》、顾景秀的《蝉雀图》、袁倩的《苍梧图》、丁光的《蝉雀图》、萧绎的《鹿图》，如此等等可以说明这一时期的花鸟画已经有了一定的规模。虽然现在看不到这些原作，但是通过其他人物画的背景可以了解到当时的花鸟画已具有相当高的水平，如顾恺之《洛神赋图》中的飞鸟等。

蝴蝶、甲虫、蜻蜓等昆虫由于色彩鲜艳，深受人民的喜爱。在历代艺术作品中，以蝶为题材的很多，如在明、清两代，蝶和瓜构成的图案代表吉祥，蝶和花卉配合使画面生动而自然，成对的蝶是爱情的象征。北京故宫博物馆珍藏着不少祖国历代名画。其中有一幅宋画，名为《睦春蝶戏》图。画面清晰生动，10多只彩蝶，色彩鲜艳，风姿秀丽。这幅画为南宋画家李安忠所作，画上的各种蝴蝶的大小比例、形态特征以及色彩斑纹等，大都酷似实物，栩栩如生。

广角镜：珍惜昆虫——金斑喙凤蝶

金斑喙凤蝶是我国稀有的蝴蝶，极为罕见，仅分布于海南、广东、福建、

◆中国国蝶—金斑喙凤蝶

广西等少数地区。金斑喙凤蝶体长30毫米左右，两翅展开有110毫米以上，是一种大型凤蝶。它的翅上鳞粉闪烁着幽幽绿光。前翅上各有一条弧形金绿色的斑带；后翅中央有几块金黄色的斑块，后缘有月牙形的金黄斑，后翅的尾状突出细长，末端一小截颜色金黄。其姿态优美，因此人们称它为“蝶中皇后”。

虫飞古诗中

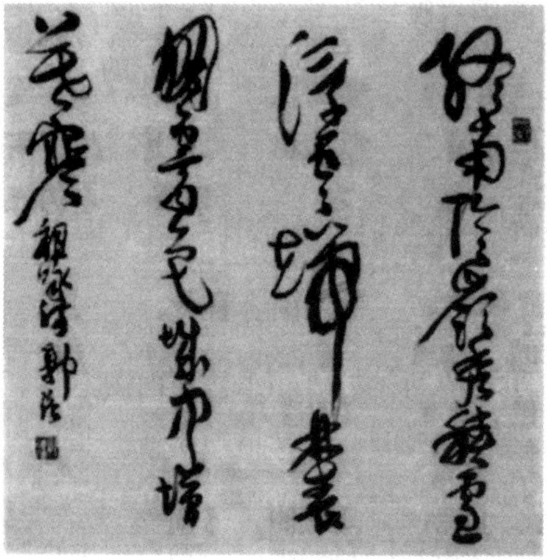

◆书法艺术中有许多是描写昆虫的诗句

两千多年来，我国历代文人墨客写下了数以万计、脍炙人口的诗篇。唐朝，曾经是我国历史上文化昌盛的朝代，留下不少诗篇。其中广为流传、脍炙人口的当推《唐诗三百首》。在这三百首光辉篇章中，有一些与昆虫有关的诗句，是诗人以虫寓意、抒发情怀的。例如，“夜深静卧百虫绝，清月出岭光入扉。”（韩愈《山石》）描写一片万籁无声的宁静夜色；“风枝惊暗鹊，露草泣寒虫。”（戴叔伦《江乡故人偶集客舍》）以此比喻过路客人投宿时的情景；“今夜偏知春气暖，虫声新透绿窗纱。”（刘方平《月夜》）勾画出一幅春意盎然的图画！这些咏虫诗，不仅给我们留下了自然美在艺术上的再现，而且生动形象地描述了昆虫的形态特征和生物学特性的丰富知识。

广角镜：珍惜昆虫——中华虎凤蝶

◆中华虎凤蝶

中华虎凤蝶，翅的基色黄，前翅外缘有宽的黑带，翅面有很多黑色短纹，犹如虎皮，故名。后翅外缘波形，尾突短，外缘黑带上镶有弯月形黄斑，黑带的中间嵌有蓝色斑点，最里面一列弯月形红斑。中华虎凤蝶是我国陕西华山特产，著名的珍贵蝴蝶，其中华山亚种十分稀少，已被列为国家二级保护野生动物。中华虎凤蝶是中国昆虫学会蝴蝶分会的会徽图案。中华虎凤蝶，主要分布在河南、山西、陕西、湖北、江苏、浙江等省，是中国的特有物种。

昆虫与音乐

◆音乐中有许多和昆虫相关的曲目

无论是在深深的幽谷，还是花木掩映的河边；无论是瓜棚连着豆架的茅舍，还是窗明几净的校园，处处可闻虫鸣。蝉的歌声嘹亮，蟋蟀叫声悠扬，螽斯嗓音清脆，蝗虫声音深沉；蜜蜂飞翔热烈，使人感到欢欣！

温煦的春，炎热的夏，凉爽的秋，不知疲倦的昆虫歌手们总是在廉价地演奏。甚至在那寂静的寒冬，在室内，尤其是在厨房里你也会偶尔欣赏到灶蟋动听的歌声。其实很多昆虫都能歌唱。据不完全统计，发音昆虫有16目之多。我国

◆梁祝化蝶题材在音乐中被广泛应用

的吴福帧、蒋锦昌、何忠、印象初等都曾作过比较详细的研究。高大林曾经灌有一盘名为《昆虫》的音乐磁带，听着其作品，自然地便使人融入法国著名文学家罗曼·罗兰笔下“克利斯朵夫躺在万物滋长的草地上……闭着眼睛，听那个看不见的乐队合奏”的情景：“一道阳光底下，一群飞虫绕着清香的柏树发狂似地打转，嗡嗡的苍蝇奏着军乐，黄蜂的声音像大风琴，大队的野蜜蜂好比在树林上飘过的钟声……”昆虫的歌，如果加以放大，那就更有意思了。有的似马嘶，有的像鸟鸣，有的如风吹，有的又像……北京农业大学杨集昆教授那里有一盒飞虱发音的磁带，若把它们用声音分析摄像仪转变成波形图，则可以进行昆虫的分类。

万　花　筒

关于昆虫的成语

无头苍蝇： 形容做事找不到目标，到处碰壁。

热锅上的蚂蚁： 形容焦躁不安的样子。

噤若寒蝉： 像晚秋的蝉那样一声不响。比喻不敢说话。

昆虫不仅自身产生音乐，而且也使无数艺术家得到创作灵感。关于昆虫的词牌名有蝶恋花，曲牌名则有扑灯蛾、粉蝶儿等。关于昆虫的曲，如笛曲——《花香蜂舞》，又名《一架蜂》、《一江风》，原传于山东菏泽地区，此曲旋律优美，节奏富于跳动，再现了蜜蜂采花飞舞的神态。此曲灌有唱片。戏曲越剧“梁山伯与祝英台（又名《双蝴蝶》）”的结尾以男女主人公化为一对蝴蝶作为忠贞爱情的象征。由梁山泊与祝英台的爱情悲剧故事写成的一曲《梁祝》，感动了全世界不知多少人。其中“化蝶”一段的旋律更是优美动听。

小故事：昆虫引发的战争

◆《汉书》，又名《前汉书》，中国古代历史著作。东汉班固所著，是中国第一部纪传体断代史

《汉书》记载了许多由蝗灾引发的战争，例如，公元前130年秋天，蝗大发生而成灾，皇帝便派4个大将掠夺南越。类似之载，在中国的历史典籍中可谓“史不绝书”，触目惊心。透过字里行间，我们仿佛看到一幕幕悲惨的景象：蝗虫遮天蔽日之后，禾苗已空；民不聊生，饥荒四起，瘟疫流行，饥民四处逃难；统治者为了存活和维持自己的统治便派军队侵略掠夺其他小国的财富；于是便有了“尸骨成山、血流成河”之战争。蝗吃禾、禾产粮、粮作食，民以食为天，蝗“食”人矣！这种由飞蝗引起的灾难直到新中国成立以后，经过多年的整治才宣告结束。

为艺术添彩

◆苗族以蝴蝶为题材的手工刺绣

凤蝶是工艺美术品的最好材料，凤蝶标本可以制作成各种形态与花草搭配后装入玻璃罩或相框中，作为茶几上的摆设及墙壁上的装饰，在欧美市场颇受欢迎。艺术家们利用美丽多姿的蝶翅拼贴成艺术价值很高的蝶翅画。有一幅仿照名画《百骏图》制作的蝶翅画，价值高达1.67万美元。利用各种蝴蝶翅膀为原料，采取国

◆蔬菜的昆虫艺术

◆冯澍作品——螳螂

◆冯澍作品——蜻蜓

画、油画及雕刻等表现艺术的长处，利用蝴蝶自然天生的花纹而贴拼出山水、风景、人物、花卉、飞禽、走兽等图案。

有关昆虫的艺术，在我们的生活中随处可见，影视、剧作、书画、工艺品等，精良之处大有美不胜收之感。古往今来有许多艺术性很高的硬币，其中可以见到许多形态各异的昆虫图案，如蜜蜂、蝴蝶、甲虫、蚱蜢、蚂蚁、蝉、螳螂等。据说昆虫可以作为神的象征而被推崇铸币，如蜜蜂代表了在以弗所神庙中的阿尔忒弥斯女神。有人统计，公元前7世纪的古希腊就有300多种铸造精良的昆虫钱币。古罗马在公元前44年已有200多种。然而，自凯撒大帝到公元16世纪，“昆虫硬币”几乎绝迹。

2009年7月，冯澍展出了《后昆虫时代》系列作品，展品主要为不锈钢和陶瓷材料制作的昆虫雕塑，包括螳螂、蚊子、甲壳虫、蝎子、蜻蜓、蜜蜂和蜘蛛。展览的另一部分是一辆由两万枚小塑料片组成的摩托车雕塑。此作品与浪漫的，如同童话世界般的昆虫雕塑形成了鲜明对比，同时也与展览馆的建筑内饰风格完美地融为一体。

冯澍就他的作品谈到：“我的

昆虫系列，在某种程度上来说，体现了我对童年的深爱，并反映了我对未来的美好憧憬。”

◆冯澍作品——蚂蚁

这位年轻的艺术家在此系列作品中既运用了中国传统陶艺手法又结合现代工业手法，并于两者结合之中获得灵感与启发，把两者中截然不同元素进行融合。前者代表了中国经典传统美学，为传统帝王贵族风范的典型代表，这种美学至今依然对中国当代美学有着极大的影响；后者则受到了日本和美国不同时期艺术运动的影响，代表了为大众所广泛接受与喜爱的艺术。

这些作品的主体由陶瓷制作，表面纹理勾勒细腻逼真，色泽莹润，昆虫的触角、翅膀和腿脚部分由不锈钢铸造，与陶瓷躯干相接连，制造出了一种科幻般的效果。作品的色彩与图案使人联想到明清时代的瓷器。昆虫表面完全由艺术家本人手绘而成，多是青花或粉彩图案，兼有抽象几何图形和极富当代感的无规则图案。

在冯澍的创作理念中，富于图案的陶瓷昆虫躯干和不锈钢肢脚、翅膀相结合，源于飞机飞行的最初创意——一切是全新的，“很容易就飞走”，同时不断地自我再创造。

方寸之中话昆虫——昆虫邮票

邮票虽只有方寸之大，却是民族文化、科学、技术的结晶，是国家政治和经济兴衰的反映。邮票是国家的名片，是科学的窗口。在邮票上印制神采各异、色彩亮丽的昆虫形象，这类昆虫邮票往往为广大邮迷朋友竞相收藏。在邮票上一展风采的昆虫种类很多，有蝴蝶、蜻蜓、蟋蟀、螽斯、甲虫、蜜蜂、蝗虫、蝉、蝽象、螳螂、天牛等，其中无论从数量和种类上，恐怕要数蝴蝶邮票最得宠了。

◆1947年台湾发行的昆虫邮票全套

◆韩国发行的昆虫邮票

寿建新和周尧（1990年）编著的《世界蝴蝶邮票》一书中收集了世界上蝴蝶邮票563枚323种，其中我国大陆有一套20枚20种。从1950～1957年，瑞士每年发行一套冬季慈善邮票，都以昆虫为题，其中共有蝴蝶邮票13枚；1953年5月莫桑比克发行了《蝶蛾》普通邮票，十分美观，被誉为“蝶邮之王”。

1963年，中国发行了20枚蝴蝶邮票。1980年以后，蝴蝶邮票的发行种类和数量在不断增多，主题突出。如为纪念国际昆虫学大会曾两次发行蝴蝶邮票：第一次是1980年日本发行的1枚日本虎凤蝶邮票，为纪念第16届会议；第二次是1988年加拿大发行的1套4枚蝴蝶邮票，为纪念第18届会议。中国在1992年为纪念第19届国际昆虫学大会发行了1套4枚昆虫邮票。

还有以保护野生动物、以纪念名人、科学家等等为主题的蝴蝶邮票。因此昆虫邮票不仅精美、好看、可收藏，而且它所体现的主题，已经与人类文化生活密不可分了。

轶闻趣事：昆虫名称成姓氏

据统计，中国姓氏见于文献者有5600多个，以虫字部为姓者有46个。常见昆虫为姓：如蝉、蚕、蛾、蝈、蚁、蜚等。虫姓在中国历史上不乏杰出之士，如后魏有平东将军蛾青。封建时代，皇帝赐姓多用于褒奖笼络，而与虫有关时赐姓往往与迫害镇压有关。如蛸姓，原为萧，南北朝时齐武帝因巴东王萧响反叛，令萧氏改姓，赐以蛸；故《通志·氏族略》中有“以凶德为蛸氏”。

昆虫与民俗风情

世界各地的民俗风情千差万别，而中华民族这样一个拥有5000多年悠久历史、集聚着56个民族的文明古国，各民族的民俗风情更是丰富多彩，其中的虫文化也别具一格。

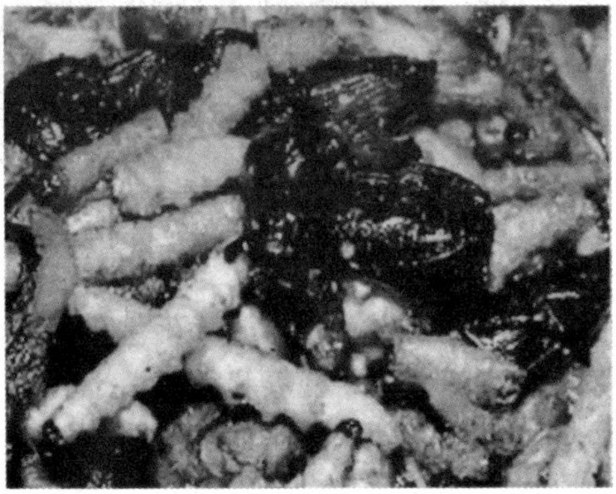
◆仫佬族人的美食

婚礼中的吉祥虫——在众多的昆虫种类中，有一些种类被喻为向往美好和吉祥的象征，其中蜜蜂和蚕是典型的代表。因为蜜蜂可酿蜜、产蜂蜡，蚕能吐丝织茧，是人们发家致富的好帮手。唐代李商隐的著名诗句“春蚕到死丝方尽，蜡炬成灰泪始干”，耐人寻味，常吟常新。因此，人们常将蜜蜂视为甜蜜和勤劳的化身，将蚕喻为无私的奉献者，并将两虫视为婚礼中的吉祥虫。如我国拉古族人有捕蜂制成蜂蜡烛的习俗，在举行婚礼时，一对新人一定要点燃两支蜂蜡烛，以喻示他们婚后生活充满光明、甜蜜与幸福。蜂蜡烛在拉古族人的婚礼中之所以不可缺少，因为他们把蜂蜡烛视为自由、光明和美好的象征。

昆虫节日名目多——有关专家曾对昆虫节日作了详尽的统计和描述。仅在中国，各种名目的民间传统节日多达2000多个，其中与昆虫有关的竟有44个，且多有寓意。昆虫与人类的关系无非就是利害关系，因此虫节的内容也必然围绕这两个主题。如广西山区仫佬族人一年一度的“吃虫节”（农历六月初二）是他们传统的节日，防虫灾获丰收，户户设宴，有油炸蝗虫，腌酸蚂蚱，甜炒蝶蛹等。每逢清明节前后，也多有昆虫节，但形式和内容地区差异极大。如过“送百虫节”是南通一带乡间的风俗，“清明

◆遵义陈公祠始建于清嘉庆初年，原为蚕神庙

送百虫，一走定无踪”的红纸条贴在墙上，同时在地头田边燃火灭虫；此外，祭虫节、虫王节等都是祭神消虫灾、望丰收的昆虫节。浙江地区蚕农清明期间多有祭蚕神保丰收的活动，用豆腐干等素食品祭供。山东蚕农则在每年卧蚕之日杀鸡设宴祭蚕神。

“送蚕花”表祝愿，在江南蚕乡颇为盛行。在春节期间，乡间时常可听到“送蚕花”的民歌声和问候声，养蚕户往往还要对送歌上门者送些米、糕等“年货”，而且在春节当天清晨，养蚕女都要依俗“扫蚕花地”，即从外向里清扫蚕房，意在扫进来蚕花、蚕茧获丰收。

世界的地名与昆虫

◆巴拿马美景

世界上大大小小的地名多如牛毛，而地名的产生、命名及变更也各有其丰富的内容和深刻的涵义。很多地名都来源于当地独具的自然风貌、经济特征、传统的民族文化或宗教信仰，还有美妙的神话传说等等。当然，其中也不乏以珍奇的禽兽和花草来命名的，更有趣的是有些地名还确实与昆虫结下了不解之缘哩！现略介绍几个。

【蝴蝶国】

每当谈到蝴蝶，人们无不为它那绚丽多彩的形象和优雅飘逸的舞姿而赞叹。可以说，蝴蝶是美丽的象征，为我们的生活增添了乐趣。巴拿马是中美洲东南部的一个国家。著名的巴拿马运河就贯穿于该国境内中部的加通湖。据说很早以前，加通湖畔到处都是翩翩起舞的蝴蝶，又因其形态美丽，色泽鲜艳，远远看去，飞舞的蝶群恰似一片花的海洋——蝶海！所以巴拿马有“蝴蝶国”之美称。在印第安方言里“巴拿马”意即蝴蝶。另外，在印第安方言里“巴拿马”也有鱼群的意思（因当时该地盛产鱼类）；还有的说巴拿马是一种大树。虽然众说纷纭，但不管怎样，巴拿马这个地名总是与昆虫有点缘分吧！

◆马斯奎托斯海岸

◆云南大理的“蝴蝶泉”

【蚊虫海岸】

在种类繁多的昆虫中，有些是有害的，给人类带来灾难和不幸。号称“吸血魔王”且能传染疟疾的蚊子，早已成为人们深恶痛绝的死敌了。尼加拉瓜是中美洲地区中部的一个国家，境内东部沿海地区为低湿平原。因地处热带，气温高，雨量充沛，植被丰富，杂草丛生，给蚊虫繁殖生存创造了优越条件，致使该地区蚊虫十分猖獗。所以整个东海岸地区就称为马斯奎托斯海岸，在英语中即为蚊虫，故意译为蚊虫海岸。

【蝴蝶泉】

云南大理的“蝴蝶泉”是我国著名的旅游景点之一。蝴蝶泉边有一棵歪斜的古树，树下是碧绿的泉水。每年春末夏初，五彩缤纷的蝴蝶飞满古树枝头，其中以粉蝶、蛱蝶和凤蝶为多。它们相互追逐，再飘落成行垂挂于树枝上，似飞舞的彩带，因而有了“蝴蝶泉”的美名。

【千蝶谷】

台北的“千蝶谷”是养殖蝴蝶最成功的地方，在这里种植有四五万株蜜源植物，常可以吸引40多种、成千上万只蝴蝶前来访花吸蜜。“蝴蝶舞啊，蝴蝶狂，常与百花争芬芳”是这里的真实写照。

大自然“清道夫”——屎壳郎

昆虫种类繁多，食性多样，其中腐食性昆虫占昆虫总种数的17.3%。这也是一个了不起的庞大类群，它们以生物的尸体和粪便为食，有的将尸体埋入土中，成为地球上最大的“清洁工”群。而且由于它们的活动，加速了微生物对生物残骸的分解，在大自然的能量循环中起着十分重要的作用。很难想象，在地球上若没有这些“清洁工”，世界会变成什么样子！蜣螂就是它们中的杰出代表。在这一节里，我们就来认识一下这个勤劳的“清洁工”。

蜣螂如何大显身手？

◆中国特有品种——神农蜣螂

当你漫步乡间小道或到牧区游览时，常可发现滚动着的粪球。仔细瞧瞧，原来是两只昆虫在搬运“宝贝”——充饥的粮食。它们的行为十分奇持，一只在前头拉，一只在后面推，这一拉一推，粪球就向前方慢慢滚动。原来这是一对夫妻。通常雌虫在前，雄虫在后，配合默契，那种情景，的确十分有趣。这种灵巧滑稽的小昆虫，就是通常所说的蜣螂或屎壳郎，也有称它为粪金龟或牛屎龟的。

蜣螂是益虫，为造福人类作出了贡献。澳大利亚是世界养牛王国，由

◆屎壳郎推粪球

此而造成大量牛粪堆积如山，既毁坏了大批草地，又滋生了大量带菌的苍蝇，传染疾病，造成灾难。而澳大利亚本地的蜣螂只会清除袋鼠的粪便。为此澳大利亚政府派出专家到世界各国去寻觅能清除牛粪的蜣螂。1979年，一位昆虫学家来到中国求助，引去了中国特有品种——神农蜣螂。此虫一到澳大利亚，立即投入战斗，在清除牛粪中大显身手，为当地人民作出了贡献。

轶闻趣事：屎壳郎推粪球的秘密

屎壳郎为什么要推粪球呢？屎壳郎在空中飞舞，寻找动物的粪便，找到以后，就飞下来，从边缘把粪切开，切成自己能够推动的大小。然后，它把这块粪压在身体下面，用3对足搓动，经过反复不断地搓、滚，粪块就成为球形。这时，屎壳郎夫妻就要在一起推粪球了。雄的在前面拉，雌的在后面推，遇到有障碍物时，后面的雌屎壳郎就会低下头来，用力向前顶，把粪球推到土壤松软的地方停下来。接着，就用头和足挖个洞，在粪球上产下很多卵，再把粪球推到洞里掩埋起来，为它们的后代准备足够的粮食。原来，屎壳郎推粪球是在为未来的孩子们准备食物呢！

蜣螂长啥样？

蜣螂体黑色或黑褐色，大中型昆虫。我国古书《尔雅翼》（宋代罗原著）中曾记载："蜣螂转丸，一前行以后足曳之，一自后而推致之，乃坎地纳丸，不数日有小蜣螂自其中出"。从这几句话可以看出，作者的观察是非常细致的，并告诉我们蜣螂推粪球的目的。蜣螂能把大堆的牛粪做成小圆球，然后一个个推向预先挖掘好的洞穴中贮藏，慢慢享用。因为圆形在地面滚动时省力，运回巢穴比较容易。

世界上约有2300种蜣螂，分布在南极洲以外的任何一块大陆。最著名的蜣螂生活在埃及，有1～2.5厘米长。世界上最大的蜣螂是10厘米长的巨蜣螂。大多数蜣螂营粪食性，以动物粪便为食，有“自然界清道夫”的称号。蜣螂发现了一堆粪便后，便会用腿将部分粪便制成一个球状，将其滚开。它会先把粪球藏起来，然后再吃掉。蜣螂还以这种方式给它们的幼虫提供食物。

◆屎壳郎其实挺可爱

◆蜣螂宝宝从粪球中诞生

小故事：屎壳郎——埃及人的护身符

◆蜣螂戒指

在埃及，蜣螂的造型非常之多，壁画上有，雕塑里有，甚至妇女佩戴项链的挂坠也有许多是蜣螂的造型，而不少人手上的大戒指，乍一看，整个儿就是一只活脱脱的大蜣螂。原来，这种看上去其貌不扬，甚至脏兮兮的甲虫，竟然是古埃及人的吉祥物和护身符，今天的埃及人也继承了这一传统。

法国著名昆虫学家法布尔在《昆虫记》中写道：“从前埃及人想象这个圆球是地球的模型，蜣螂的动作与天上星球的运转相合。他们认为这种甲虫是很神圣的，所以叫它‘神圣的甲虫’。”在古埃及人看来，蜣螂每天迎着东方第一缕阳光从土里钻出，它是太阳神的化身、灵魂的代表，象征着复活和永生。因而古埃及人将蜣螂作为自己的护身符。

知识延伸——鞘翅目昆虫

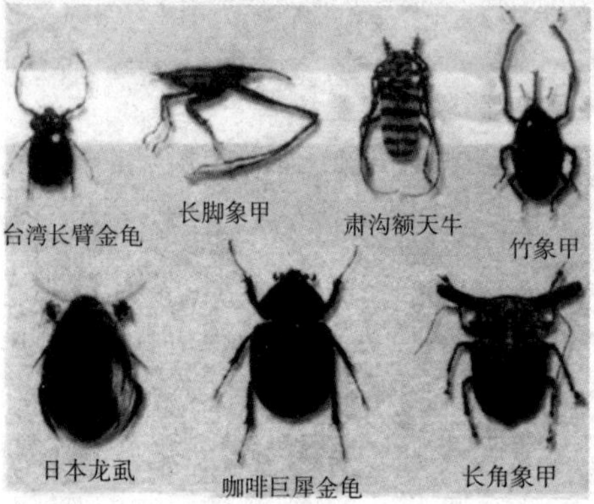

◆鞘翅目大家族

鞘翅目通称甲虫。属有翅亚纲、全变态类。全世界已知约33万种，中国已知约7000种。该目是昆虫纲中乃至动物界种类最多、分布最广的第一大目。多数种类属于世界性分布，如步甲、叶甲、金龟甲和象甲科的某些种类；少数种类主要分布于热带地区，至温带地区种类渐少，如虎甲、吉丁甲、天牛和锹甲科的某些种类；个别种类的分布仅局限于特定范围，如水生的两栖甲科仅分布于中国的四川、吉林和北美的某些地区。本目中许多种类是农林作物重要害虫，与人类的经济利益关系十分密切。

这个目的昆虫体小型至大型。复眼发达，常无单眼。触角形状多变。体壁坚硬，前翅质地坚硬，角质化，形成鞘翅，静止时在背中央相遇成一直线；后翅膜质，通常纵横叠于鞘翅下。成虫、幼虫均为咀嚼式口器。

◆鞘翅目昆虫的卵为卵圆形

◆这只昆虫长着一个长而弯的喙，像是大象的长鼻子，所以被称为象甲

它们都是全变态昆虫。产卵方式多是以伪产卵器直接产于土内或植物上；但天牛类可用上颚咬破树皮，然后产卵其中；而某些象甲类则可用喙先在植物上挖洞，再将卵产于内部。幼虫一般3龄或4龄，在一些大的类群中龄数常固定而一致，如步甲科和金龟甲科幼虫多为3龄，叶甲科中的某些类群多为4龄。很多种类的成虫具假死性，受惊扰时足迅速收拢，伏地不动，或从寄主上突然坠地。

广角镜：秘鲁屎壳郎改吃“荤”

英国皇家学会期刊《生物书简》杂志发表研究报告说，食蜈蚣屎壳郎为蜣螂中唯一体现“猎杀者”素质的种类。它们在捕食过程中对蜈蚣实施“斩首”。这项研究由美国普林斯顿大学的特朗德·拉森等人完成。

◆蜣螂开始吃虫子，不再推粪球

科学家发现，这种体长一般仅7～8毫米的屎壳郎偏好攻击相较自己远为庞大的对手。它们所猎杀的蜈蚣往往体长25～110毫米。

研究者注意到，这种屎壳郎因食物变化，部分身体构造也发生了变化。与普通屎壳郎为方便滚粪球而长有较宽头部不同，这种屎壳郎头部较窄而长，便于进食蜈蚣内脏。此外，这种屎壳郎后腿较蜷曲，便于捕猎蜈蚣。

小资料：蜣螂还是一味中药

你可别小看了蜣螂，它还是一味中药，中药名“蜣螂虫”。明代李时珍著《本草纲目》中记载，屎壳郎还有推丸、推车客、黑牛儿、铁甲将军、夜游将军等好听的名字。李时珍解释说，因为屎壳郎能“转丸、弄丸，俗呼推车客”。因

◆古代药典——《本草纲目》

为它们“深目高鼻，状如羌胡，背负黑甲，状如武士，故有蜣螂、将军之称”。它是人类的清洁卫士，又是一种药用昆虫。2000多年前的《神农本草经》中即有蜣螂入药的记载。入药者为雄体，含有1%蜣螂素。药性味咸寒，有镇惊、破瘀止痛、攻毒及通便等功能，主治癫痫狂、小儿惊风、二便不通、痢疾等。外用治痔疮、疔疮肿毒等。

天气预报员
——昆虫与天气的关系

你听说过昆虫中有气象哨兵，能对气候的变化进行预报的吗？昆虫预报气象见于记载的可比气象台早得多。我国古代的一些史书可以为证。殷代甲骨文的“夏”字，就是一个以蝉的形象为依据的象形字。可见人们早就把蝉和夏季联系在一起了，蝉开始鸣叫就是表示天气要变热了。我们的祖先在农历中把全年分为24个节气，其中“惊蛰”是在农历2月间。古人经过对昆虫的长期观察，知道到了“惊蛰”这个时候，一切越冬昆虫就要苏醒，开始活动了。

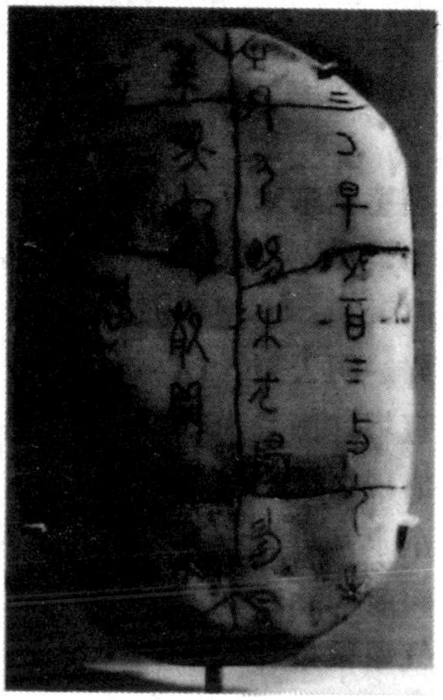

◆早在甲骨文时代，人们就知道昆虫能预测天气

昆虫也是气象哨兵

我们的祖先把昆虫的活动与季节和月份联系起来，从而总结出以候虫记时的规律，记入书籍中。如《诗经·七月》篇中有：“五月螽斯动股，六月沙鸡振羽，七月在野，八月在宇，九月在户，十月蟋蟀入我床。”意思是：五月螽斯开始用腿行走；六月“沙鸡”（纺织娘）的两翅摩擦发出鸣声，同时也可飞行；八月到了住户的屋檐之下；九月即进到屋里了；十

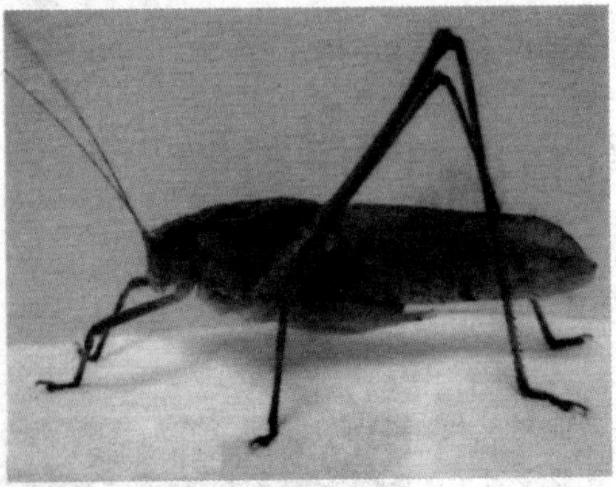
◆碧绿的纺织娘

月蟋蟀就得钻到热炕下了。

有经验的人，能根据某些昆虫的活动情况或鸣声，来预测短期内的天气变化及时令。例如，众多蜻蜓低飞捕食，预示几小时后将有大雨或暴雨降临。其原因是降雨之前气压低，一些小虫子飞得较低，蜻蜓为了捕食小虫，飞得也低。蚂蚁对气候的变化也特别敏感，它们能预感到未来几天内的天气变化。据说气象部门根据各种不同蚂蚁的活动情况，将天气分为几种不同类型，用来预测未来几日内的天气情况。晴天型：小黑蚂蚁外出觅食，巢门不封口，预示24小时之内天气良好。阴天型：（4～6月份）各种蚂蚁下午5时仍不回巢，黄蚂蚁含土筑坝，围着巢门口，估计四五天后有连续4天以上阴雨。冷空气型：出现大黑蚂蚁筑坝、迁居、封巢等现象；小黑蚂蚁连续4天筑坝，预示未来将有一次冷空气到来。大雨、暴雨型：（4～9月份）出现大黑蚂蚁间断性筑坝3天以上，并有爬树、爬竹现象；黄蚂蚁含土筑坝，气象预报有升温、升湿、降压等现象，预示未来48小时有一次大雨或暴雨。干旱型：大黑蚂蚁从树上搬迁到阴湿地方，并将未孵化的卵一起搬走，预示未来有较长时间干旱。当然，用蚂蚁预测天气，仍需参考当地气象资料，才能达到准确程度。

讲解：下雨前蜻蜓为什么低飞？

通常在下雨之前，空气中的湿度相当高，而在蜻蜓飞翔的时候，一遇到潮湿的水气，往往会把翅膀沾湿；此时就是蜻蜓捕捉猎物的好时机，所以，才会看见蜻蜓低飞。尽管蜻蜓的飞翔能力很强，由于沾湿的身体较重，也就很难像往常般地在较高处飞，而只能做低空翱翔。这一现象只能说明气压低，未必一定

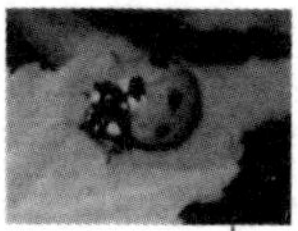

下雨。

不同的蜻蜓会出现在不同的时间里，也预示着不同的天气。小暑前后，红蜻蜓成群飞舞在田野的低空，是不久将进入伏旱高温天气的征兆。立秋前后，黄蜻蜓成群地在田野低空盘旋，或者在水面“点水”，是不久将有一段连绵阴雨日子的迹象。

◆蜻蜓在水边飞

蚂蚁为什么要搬家？

◆下雨前蚂蚁会搬家

无论哪一种生物，都需要有适合自身的生存环境。而动物为了适应各种环境，有许多特殊的行为。就拿蚂蚁来说，它对自己窝里的湿度有一定的要求。下雨前，空气中的湿度增大，蚁窝就变湿了。如果太湿了，蚂蚁就呆不下去了，于是只好往干燥的地方搬家了。因此，蚂蚁是在大雨来临前搬家的。蚂蚁是昆虫纲，膜翅目昆虫，营社会性生活。一群蚂蚁中有 20 多种类型。蚂蚁也是一种非常忙碌的昆虫，行为复杂。民间常言：“蚂蚁排成行，大雨茫茫；蚂蚁搬家，大雨哗哗；蚂蚁衔蛋跑，大雨就来到。”蚂蚁是一种低智慧生物，其视力范围很短，并且主要依靠嗅觉来进行群体通信和寻找食物，它的触角是湿度测试仪，如果超过一定湿度就会跟同伴交流，然后就集体搬家。蚂蚁这种把窝造在地下的生物，长久的生存进化使它们对空气湿度变化的感觉非常灵敏，当湿度加大时，蚂蚁就会有在低处危险的感觉，就要往高处搬。我们人类也是很聪明的，看到蚂蚁搬家，天就下雨！

实验：探索为什么蚊子能预报下雨

民间常言：“蚊子集堂中，明朝带斗篷；蚊子乱咬人，不久雨来临；蚊子咬得凶，雨在三日中。”我们通过一个小实验来揭示蚊子预报天气的秘密。

试验：捉来许多蚊子，放在玻璃槽里，然后插进一根经过摩擦后带有静电的胶木棒。胶木棒一插进去，蚊子立刻乱飞乱扑；而没有经过摩擦的胶木棒插进去的时候，大多数蚊子不动弹。这个实验说明：蚊子对周围电场的变化是十分敏感的。在一般情况下，周围空气是带负电的，云雨区是带正电的。当附近天空出现了一个雷雨区域，并且逐渐向我们这里移过来的时候，蚊子很快就感觉到周围电场的变化，因而知道雷雨很快要来到了，所以赶在雷雨之前拼命叮人吸血，使它的卵成熟，大雨一过，正好产卵。

为什么蜜蜂也是天气预报员

◆蜜蜂窝里叫，大雨就来到

蜜蜂是营群体生活的昆虫，一个蜂群由3种蜂组成，即蜂王、雄蜂和工蜂。蜂王、雄蜂负责繁殖后代，而工蜂负责群体的日常生活，分工非常细致。常言道：“蜜蜂窝里叫，大雨就来到；蜜蜂不出窝，风雨快如梭。”这生动地说明了蜜蜂的行为与天气变化的关系。华南地区有句农谚：“蜜蜂不出巢，半夜雨来到。”可见蜜蜂出箱的早晚与天气变化有着密切的关系。据当地人们观测，早晨有大量蜜蜂飞出蜂箱，这预示着当天是晴天；傍晚蜜蜂归箱较晚，这预示着明天天气继续晴朗；早晨蜜蜂不出箱、少出箱，这预示着天气很快转阴雨；白天，蜜蜂蜂拥地飞回箱来，然后很少出箱或不出箱，或者有几只蜜蜂爬在箱口，向外张望，这预示着天气将马上突变，风雨来临；在出现阴雨后，蜜蜂纷纷出箱冒着细雨采蜜，这预示着未来阴雨天气仍将继续。

原理介绍

为什么蜜蜂能预报天气?

蜜蜂能够飞行，是靠着前后两对很轻很薄的翅膀。在气压较高的晴朗天气条件下很有利于飞行；降雨前空气中水汽含量增加，湿度增大，气压较低，风速较大，蜜蜂翅膀容易沾上水珠或雨滴，蜂翅变软变重，其振翅频率减少，飞行艰难笨重。同时，晴朗无风的天气，能使鲜花的蜜腺大量分泌甜汁，易于工蜂采蜜；相反，雨水往往会冲掉花蜜，蜜蜂只能抢在风雨到来之前采好花蜜。

广角镜：蜘蛛张网能预报天气

蜘蛛种类较多，且有结网的行为。常言道："蜘蛛结网准送晴，蜘蛛收网准阴。"这道出了蜘蛛收网、结网与天气变化的关系。

蜘蛛能预测天气，主要是由于对空气中湿度变化反应相当灵敏的缘故。蜘蛛

◆蜘蛛张网能预报天气

尾部有许多小吐丝器，吐丝器部分既黏又凉，当阴雨天气来临时，由于空气中湿度大，水汽多，易在蜘蛛吐丝器处凝结成小水珠，这样，蜘蛛吐丝时感到困难，便停止放丝而收网。相反，当空气中湿度变小天气转好时，蜘蛛吐丝顺利，便张网捕虫了。

另据研究，蜘蛛的腿能感知 20 ~ 50 赫兹频率的声音。当天气转晴时昆虫易活动，飞行时发出的嗡嗡声，蜘蛛很快就会发觉，所以便吐丝织网，准备捕捉。这正是民间用“蜘蛛挂网，久雨必晴”的谚语来预告天气晴雨的道理。

美味佳肴
——可以食用的昆虫

一提起要把昆虫拿来吃，大部分的人第一瞬间的感觉就是“恶心”。但是将昆虫作为盘中餐，却不是异想天开的事。昆虫作为人类的食物，具有悠久的历史。我国3000年前的周代就有食蚂蚁的记载。目前世界各地食用的昆虫合起来约有5000种，我国常常食用的昆虫有40种左右，如广东的龙虱、北方的柞蚕蛹、华东的豆天蛾幼虫等。

中国的食虫习俗

很早以前有人就注意到了昆虫的可食性及其文化意义。在我国古典书籍中记载着不少有关昆虫食品的内容。汉初的《尔雅》有人们吃土蜂或木蜂（幼虫或蛹）的记录。《礼记》有秦汉以前帝王贵族宴会用蝉和蜂做佳肴的记载。公元877年刘恂著的《岭表录异》记载：交广溪洞间的酋长，向群众征收蚁卵，用盐腌制成酱，叫蚁子酱，用以招待官客和亲友。明代李时珍的《本草纲目》一书，共记载了食用和药用昆虫76种。“唐贞观元年夏蝗。民蒸蝗爆，去翅而食”记载于徐光启所著的《农政全书》中。《吴书》上“袁术在寿春，百姓饥饿，以桑椹、蝗虫为干饭”，记载了将蝗虫充作粮食。

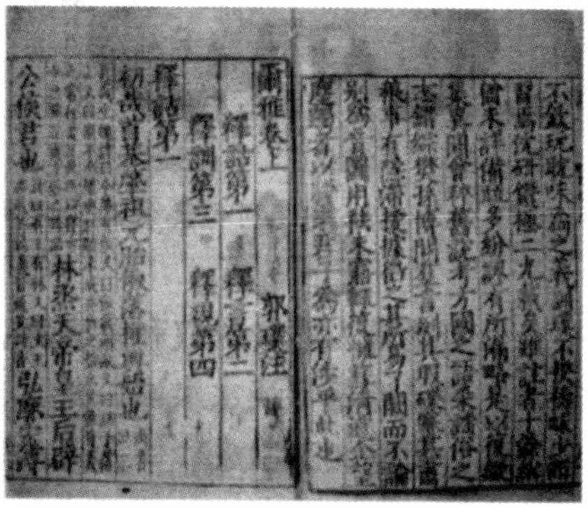
爾雅卷上
釋詁第一
釋言第二
釋訓第三
釋親第四

◆古书《尔雅》上就有吃昆虫的记载

◆北京市场热销的柞蚕蛹

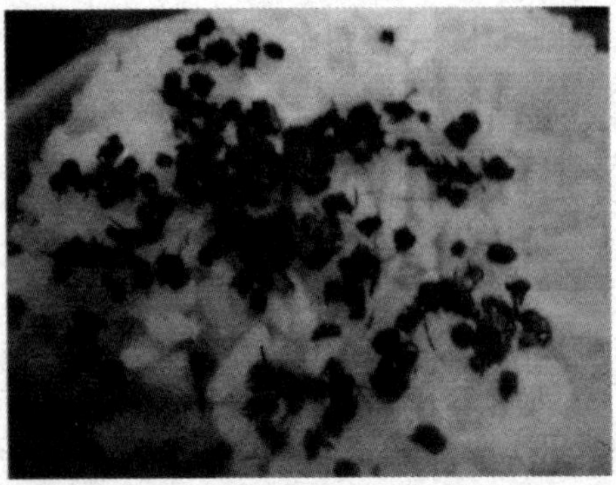

◆这样的饭，你敢吃吗？

以昆虫作为食品、菜肴，在我国已有悠久的历史，有些还被列为御膳食品。自古以来我国各地各族人民就有以不同种类昆虫作为食品的风俗习惯。全国各地作为食品的昆虫约有上百种，如豆天蛾幼虫与蛹、甘薯天蛾、芝麻木天蛾、葡萄天蛾、桃天蛾、沙枣尺蠖、松毛虫、蓑蛾、刺蛾、樟蚕、茶蚕、家蚕、柞蚕、红铃虫、竹螟、蝗虫、龙虱、蝉、马蜂、蜜蜂等都是营养丰富的食品，被各地群众广泛食用。

万 花 筒

多样的昆虫食品

当今，昆虫食品系列陆续问世，柞蚕蛹畅销于北方副食品市场。“油炸金蝉罐头”厂已在山东建成。“山蚁壮骨液”、“蚂蚁酒”、“蚕蛾酒”、“三叶昆虫茶”、“蚂蚁”、“白蚁”等产品出现在食品市场。昆虫食品及食虫活动已不知不觉地渗透到人类食品文化和生活之中。

云南基诺人喜食蚂蚁和屎壳郎。湖南湘西一带喜欢吃炒、烤蜂巢。广东、广西多池塘等淡水水域，龙虱、田鳖等水生昆虫丰富易捕，当地人们将龙虱、田鳖加工制成珍贵食品，并认为龙虱味道像火腿，田鳖味道似熟梨和香蕉。江苏、浙江一带是我国饲养桑蚕最发达的地区，蚕蛹极为丰富。当地人们除留下少量做种外，大量蚕蛹经蒸熟、腌制和爆炒，或制成蚕蛹酱食用。天津、北京两地，人们有喜吃油炸蝗虫的习惯，名曰“油炸蚂蚱”（注：当地称蝗虫为蚂蚱）。古代经常受蝗虫危害的蝗区人民，结合治蝗将捕到的蝗虫作为食品，经腌制、晒干或油炸后在集市上卖，名为“蝗米”、“旱虾”。农村儿童捉来蝗虫后，将其埋进烧饭的灶膛，利用熄火后的余灰炙烤片刻后扒出，外焦里嫩，香酥味美。

广角镜：昆虫粪便泡“茶”

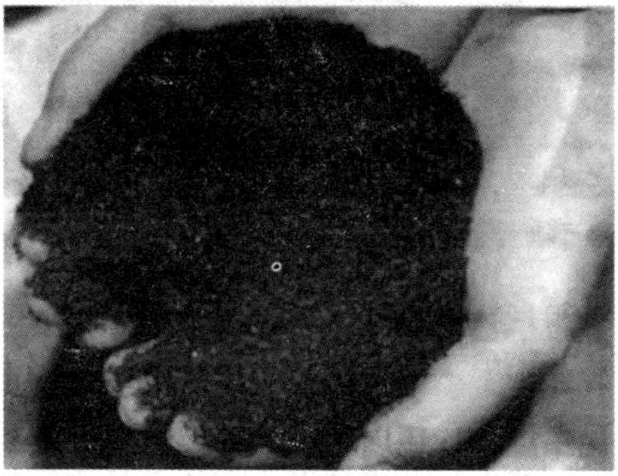
◆虫茶

用昆虫粪便泡“茶”给客人喝，不知道你是否听说过？这是四川、贵州一带的习俗。湖南通道、城步等地也喜喝虫茶。他们采收危害茶树的害虫粪便，经晒干或烘干后保存，取名“虫茶”。这些害虫取食的就是茶树叶，只是经过它们的消化系统，吸收了它们所需要的某些营养成分，排出的粪便仍然保留着茶叶的某些成分。据说这种“虫茶”是招待客人的珍贵饮料，并销往香港。还有以洗净消毒后的蝇蛆或人工培养的蝇蛆作为食物的。将蝇蛆洗净晒干磨粉，添加辅料，与面粉混合制成贡糕，名曰“八珍糕”。或以肉类养蛆，使蛆体肥大，洗净后加调料油炒食用，俗称“炒肉芽”。

外国的食虫习俗

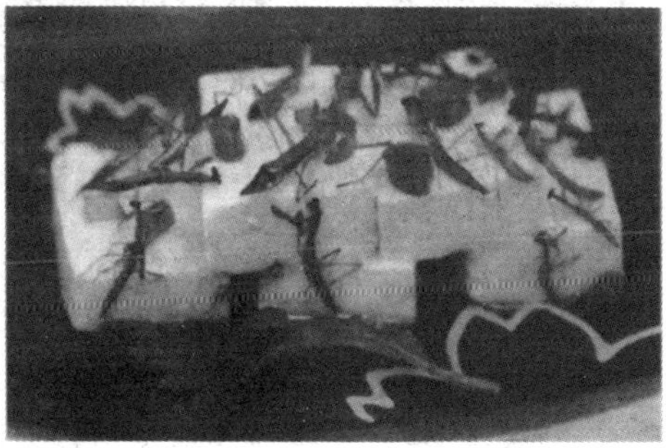
◆昆虫日本料理

据文献资料记载，世界上很多国家或地区，也都有食用昆虫的风俗习惯。巴登马哈尔在《动物历史》一书中记载：中东人大约在公元前8世纪就有吃沙漠蝗的记录。卜林那在《自然历史》一书中提到古罗马时代人们喜吃木蠹蛾幼虫。利比亚、日本等国，视蝗虫为美味珍品。印度尼西亚苏拉威西岛人，喜欢捕捉一种大树蚁出售，或制成蚁粉作为调料出售。有些国家用昆虫制成各种食品或罐头，在食品店或饭店出售。日本东京有专

◆泰国曼谷的油炸水甲虫

门出售蝗虫的商店；墨西哥的昆虫茶点是畅销的食品；法国巴黎的一些咖啡馆，用一种名叫小金甲的幼虫做馅制成糕点；法国巴黎开出了“昆虫餐厅”，设有丰富可口的昆虫菜肴100多种，主要有油炸苍蝇、蚂蚁狮子头、清炖蛐蛐汤、烤蟑螂、蒸蛆、甲虫馅饼等等。美国卡立顿自然博物馆曾举办过别具一格的“百虫宴”，品种有油炸臭虫、蟋蟀拌花生米、甲虫色拉、蜻蜓浓汤、蚜虫鱼子酱和螳螂三明治等。美国制作昆虫罐头，还以甲虫、蝶类幼虫、蜜蜂蛹做馅制成巧克力夹心糖，还用蚂蚁、蚕蛹、蜜蜂等做成蜜饯食品或油炸食品，颇受欢迎。印度、泰国、菲律宾、缅甸和印度尼西亚人有食蚁习俗。墨西哥还将吃昆虫与许多宗教活动和节日庆典联系起来。

昆虫食品的营养价值

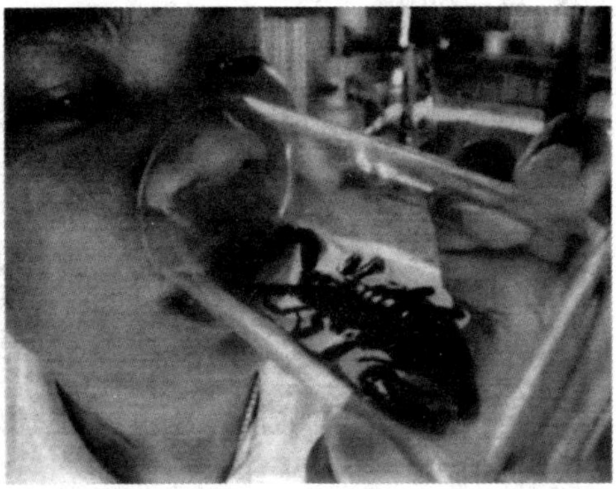

◆你敢吃蝎子吗?

昆虫含有十分丰富的营养物质，其中包括有机物质：蛋白质、脂肪、糖类等，还有大量人体所需的游离氨基酸和维生素；无机物质：各种盐类、钾、钠、磷、铁、钙等。据分析，每100毫升人的血浆，含有游离氨基酸24.4 ~ 34.4毫克；而每100毫升昆虫的血液中，含有游离氨基酸高达293.3 ~ 2430.1毫克，高出人血几倍。蚕蛹含有18种氨基酸，其中人体必需的氨基酸均高于大豆。昆虫体内的蛋白质含量也很高，据分析，烤干的蝉含有72.02%的蛋白质；黄蜂含有81%的蛋白质；白蚁体内的蛋白质含量比牛肉高，100克白蚁能产生500卡（2090焦）热量，100克牛肉只能产生130卡（544焦）热量。由此可见，昆虫才是名副其实的高蛋白食品。除了丰富的营养外，不少昆虫还有独特的保健作用，例如蝗虫可暖胃助阳、健脾运食，蝉可清热、息风、镇惊等。可见开发昆虫食品大有前途，已经引起各国的重视。

◆目前蝇蛆主要用于动物饲料，不久的将来可能成为你的盘中餐

有些国家正在开展研究、筛选、培养一些营养价值高的昆虫食品，作为补充人类食物的一个来源。据统计，目前世界食用的昆虫包括8类、63属、373种。

广角镜：苍蝇成为免疫保健食品

你能想象使苍蝇成为人类的免疫保健食品吗？在营养学家的测定下，发现蝇蛆干粉中粗蛋白质含量高达61.2%，粗脂肪含量23%，还含有丰富的钙、镁、磷等人体必需的微量元素，是一种优良的人类食品。而蝇蛆的生产又有价格低廉的优势。因为苍蝇生育周期短，繁殖力强。一对苍蝇一个夏季能生育出2660亿个蛆。人们可从蛆体内提取纯蛋白和脂肪，制成高级食品供人食用。

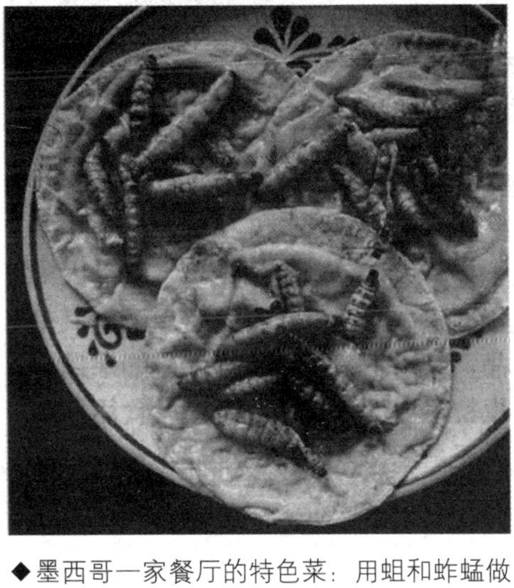

◆墨西哥一家餐厅的特色菜：用蛆和蚱蜢做成的佳肴

据报道，经中国科学院50年人工驯化培养的小个体苍蝇，正在武汉一座“苍蝇工厂”内被利用来提

取具有免疫作用的营养品。如今在“苍蝇工厂”里，人们用奶粉、豆粉喂养着数以亿计的“工程蝇”，大量的蝇蛆在用麦麸调制的营养基中，长得白白胖胖。科研人员可以从这些胖蛆身上，提取抗菌活性蛋白、复合氨基酸、蛆油、几丁质等具有广泛用途的物质。

◆世界上约有500种昆虫可食用，昆虫食品的发展潜力非常大

◆如此街边小吃

至今，昆虫的食用绝大多数还局限于自然发生的昆虫的利用，且具有地方性、风俗性。其中重要的原因之一是普遍存在的人们对昆虫的厌恶心理，要想使昆虫的食用得以普及，有必要改变观念。为了实现这一目标，世界各地的食用昆虫倡导者们开展了各种宣传活动，其中之一是进行昆虫品尝会。1996年夏天，我国的昆虫学者们在某农业大学设了一场昆虫宴，当“嫦娥戏水”、“天女散花”、“赤眼双爆”等10多道菜肴端上餐桌时，令与会者惊叹不已，大饱口福。

尽管天然的昆虫蛋白资源十分丰富,但要作为食用加以推广，光靠野外捕集,显然是不现实的。因此，科学家们正在考虑像养蚕一样，大量养殖食用昆虫。加拿大的学者以一种甲虫为材料，在实验室里用面粉做饲料，大量繁殖后，将其幼虫加工成粉末，加入面包、香肠等食品，获得了食客们的好评。如果昆虫的形状让一些人讨厌的话，那么以昆虫粉末加工食品也许是今后食用昆虫的一条新出路。由此看来，不管是有形还是无形，食用昆虫进入普通家庭的餐桌也不会为期甚远了。

昆虫的格斗将士——观赏昆虫

在我国，观赏昆虫有着十分悠久的历史，并成了中国独特的虫文化。观赏昆虫是将民间观赏昆虫的经验总结与现代科学理论相结合，旨在使人们对观赏昆虫有一个基本了解，并通过观赏昆虫的活动增加知识，开阔视野，陶冶情操，给生活增添新的色彩。

争强好斗大将军——蟋蟀

蟋蟀俗称蛐蛐，许多小朋友都玩过，特别是在农村长大的人们，几乎都玩过蛐蛐。或许小小蟋蟀格斗起来，那种经得起创伤，忍得住伤痛，顽强拼搏的精神，那种“将军战死在疆场，凛冽不屈壮志酬”的气概，以及胜利者发出的“嘟、嘟……”的凯旋之声所具有的独特魅力，是饲养蟋蟀在我国长兴不衰的根本原因。

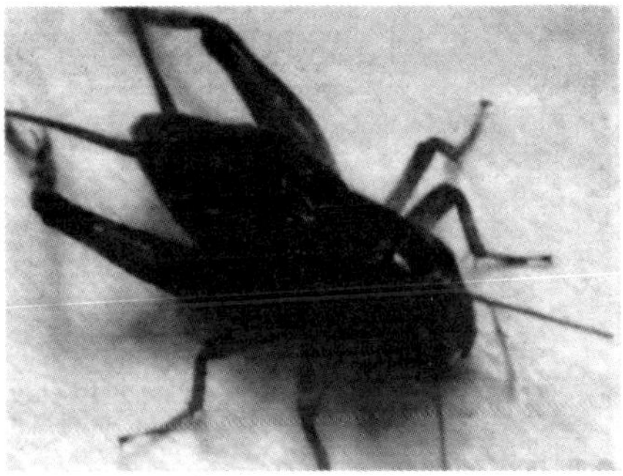

◆争强好斗的蟋蟀

蟋蟀属直翅目、蟋蟀科，体呈黑褐色或黄褐色，体形粗壮，体长约15～40毫米，头呈圆形，具光泽；触角丝状，有30节，往往超过体长。雄虫好斗，且善鸣叫；雌虫则默不作声，是个哑巴，俗称“三尾子”。

◆蟋蟀在解决温饱后会不停地交配，并会在产卵盒中产卵

蟋蟀是不完全变态昆虫。成虫生性孤僻，是独居者，通常一穴一虫，

要到成熟发情期，雄蟋蟀才招揽雌蟋蟀同居一穴。若两头雄虫在同一洞穴相遇，必然会打斗，这就是玩蛐蛐的生物学基础。但在若虫期，往往30 ~ 40头共居一室，十分亲热。雌虫一生可产卵500粒左右，分散产在泥土中，以卵越冬。蟋蟀每年发生一代，喜居于阴凉和食物丰富的地方，常在夜间出来觅食。成虫喜跳跃，后腿极具爆发力，跳跃间距为体长的20倍左右；少数种类后翅发达能飞行。蟋蟀分布极其广泛，在世界上大部分地区都有其生存活动的踪迹，蟋蟀的种类多达3000余种，我国有50多种。在大自然所滋养的无数生灵中，它实在是太普通不过了。

每年夏秋之交是成虫的壮年期，也是斗玩蟋蟀的大好时期。它在中国倍受宠爱，以至发展成为一种特殊的文化现象。

斗蟋蟀的悠久历史

◆厮杀中的蟋蟀

◆自古就有斗蟋蟀

斗蟋蟀是我国民间的一项重要民俗活动，也是最具东方色彩的中国古文化遗产的一部分。据唐朝《开元天宝遗事》记载：“宫中秋兴，妃妾辈皆以小金笼贮蟋蟀，置于枕畔，夜听其声，庶民之家亦效之。”因此，饲养蟋蟀在我国有着广泛的基础，从宫廷到民间、从城市到穷乡僻壤，从帝王将相、名流雅士到学堂儿童，善养者千千万万。

饲养蟋蟀从二三千年前就开始了，据历史文献考证，“古人玩蟋”始于唐，著于宋，盛于明清。据顾文荐（宋）《负暄杂录》载：“斗蛩之戏，始于天宝间，长安富人，镂象牙为笼蓄之，以万金之资，付之一啄。”由此可见，养斗蟋蟀不仅始于唐代，而且当时以此为赌之风盛行。我们的前辈对这貌不惊人的小虫倾注了极大的热情。在实践过程中，人们积累了许多宝贵的经验，无论祖传密本还是当代民间蟋蟀迷们的饲养方法，其内在的机理深奥微妙，有着极为丰富的内涵。南宋贾似道是我国第一个研究蟋蟀的专家，他编撰了我国也是世界上第一部蟋蟀专著《促织经》，为蟋蟀的捕捉、识别、饲养、斗法提供了详细的研究资料。中华蟋蟀的科学性、艺术性和它的趣味性，早已形成一门“中国蟋蟀学”。

◆斗蟋蟀也有大学问

◆斗蟋蟀具有观赏性

玩蟋蟀也是人们充实精神生活的一种手段，观看蟋蟀格斗的激烈场面，饶有趣味。两只小虫，虽为微物，似通人意，在瓶中拼搏，进退有据，攻守有致，忽而昂首向前，忽而退后变攻为守，胜者昂首长鸣，败者落荒而逃。整个过程奇趣横生，给人们带来精神上的享受。俗话说“内行看门道，外行看热闹”。在蟋蟀的格斗战场，行家观之，津津乐道：两雄格斗激烈与精彩与否，与蟋蟀的品种、配斗、对手斗前的试训和格斗方式等均有直接关系。

人类拳击有拳法，而蟋蟀格斗也有“套路”。两雄交锋如果只要对方仅仅一碰牙就可将其摔了出去，使对方根本无法靠近自己，有人形容这种斗法像一阵风从口中吹出，吹跑对方，称之为“吹夹”；与“吹夹”相反，若一开始就可把对方死死咬住不放，一直往后拖，最后对方不得不忍痛逃离，称之为“留夹”；若一开始将对方的牙齿猛力钳住，继而左右快速甩头，荡来荡去，使对方无还击的余地，称之为“荡夹”。此外，还有“背夹”、“攒夹”等多种格斗“套路”。当双方互相摔开时，聪明的蟋蟀常常未胜先振翅高鸣，企图吓倒对方，但对方往往没有被吓倒，几秒钟后，两虫再次扑斗起来，这些都是相持不下的激战，但有时也有仅几个回合就定胜负的场面。如此精彩的激战，难怪能吸引众多的蟋蟀迷和围观者。

广角镜：帮你挑个上等的蟋蟀

◆捉蟋蟀时一定要辨认清楚，不要被长相相似的蝼蛄骗了

◆纯红宝石头蟋蟀，头部红色部分像戴了一顶红色的帽子

到大自然中去亲自捕捉蟋蟀，能够沐浴和风日丽，活动筋骨，若能捉到几条好虫，便会感受到一种狩猎丰收的喜悦。秋天，是捕捉蟋蟀的大好时期。在此期间，不少蟋蟀迷纷纷出动，不分昼夜，长途跋涉，真的是废寝忘食，期盼着能幸运地觅到一只善斗敢搏的天下第一斗蟋。

其实，捕捉蟋蟀大有学问。首先要弄清楚蟋蟀的生态环境及它们的生活习性，才能捕捉到质优的上品蟋蟀。蟋蟀的栖息地是决定虫质优劣的关键。通常情况下生活在碎砖乱石堆中的体质强壮；生活在泥土杂草间的体质虚弱；而穴居在荒土向阳处的则品质低下。在自然界，总是强者繁衍，弱者淘汰。因此在人迹罕到之处，如荒山野岭、古刹废墟、瓦砾碎石间，均能捕捉到优质蟋蟀。而在一般瓜豆菜地、田陇路边生栖的蟋蟀，往往品位一般，当然偶尔也会冒出个别上品蟋蟀。

昆虫与人类

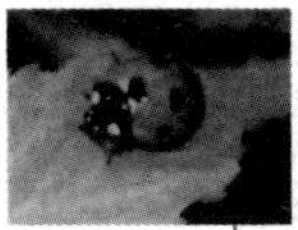

大自然的舞姬——蝴蝶

人类对蝴蝶的称颂，自古而然，而且中外似乎一致；文人墨客，已不知为它们写下多少脍炙人口的诗篇；画家们也常将它们融入画卷。所以这种素有“大自然的舞姬”之称的蝴蝶，与人类的生活可以说息息相关。它也是观赏昆虫之一。

◆庄生晓梦迷蝴蝶

蝴蝶自古受文人墨客的青睐，吟诗作词中常提到蝴蝶。蝴蝶最早见于的文学作品，恐怕是先秦散文名著《庄子》。庄周梦蝶即为其中有名的一篇。文中述说庄周梦见自己变成了一只蝴蝶，“栩栩然蝴蝶”，“不知周也”。等他醒来，惊奇地看到自己是庄周。因此，他糊涂了，不知是庄周做梦成蝴蝶，还是蝴蝶做梦成庄周。这个寓言是要说明，蝴蝶与庄周、物与我，本来就是一体，没有差别，因此不必去追究。自此以后的2000多年中，庄周梦蝶就成了文人墨客借物言志的重要题材，蝶梦也就成了梦幻的代称。唐代诗人李商隐的《锦瑟》诗中充满对亡友的追思，抒发悲欢离合的情怀，诗中引用庄周梦蝶的典故，上句“庄生晓梦迷蝴蝶”喻物为合，而下句“望帝春心托杜鹃”喻物为离。唐祖咏《赠苗发员外》中有“丝长粉蝶飞”的

◆用蝴蝶翅膀“画”出的美女惟妙惟肖

◆用蝴蝶标本制成的工艺品很有观赏性

诗句，说的就是尾突细长如丝、婀娜多姿的丝带凤蝶。蝴蝶由于色彩鲜艳，深受人民的喜爱。在历代艺术作品中，以蝶为题材的很多，如在明、清两代，蝶和瓜构成的图案代表吉祥，蝶和花卉配合使画面生动而自然，成对的蝶是爱情的象征。这些都是民间习惯上所采纳的而一直沿袭下来。至于在织物、刺绣、邮票以及工艺品中能看到的蝴蝶图案就更多了。艺术家们利用美丽多姿的蝶翅拼贴成各种艺术画，或制作成大型的壁画，具有很高的艺术和观赏价值，这种壁画19世纪在欧洲曾经流行一时。更有一些人利用蛋清将鳞片和花纹粘贴在壁上或布上拼贴成画。

蝴蝶是一类重要的授粉昆虫，从某种意义上说，蝴蝶比某些蜜蜂传粉更为有效，因为蝴蝶通常只取食花蜜，其身体各部位带有的花粉即可进行有效传粉，而蜜蜂花粉篮中的花粉对植物来说是无效的。但人们习惯地认为蜜蜂有专门的花粉篮，故是最有效的传粉昆虫，从而忽视了对蝴蝶传粉及其与花协同进化的研究，资料非常贫乏。国外有一些论文叙述并讨论了传粉蝴蝶的类群（如斑蝶、蛱蝶、凤蝶、灰蝶、弄蝶等），蝴蝶寻找花蜜的机制（如颜色、花形、气味等）以及某种植物（如舌唇兰、七叶树、马利筋等）上蝴蝶利用的花粉类型研究。据报道，七叶树分泌的花蜜对蜜蜂有毒，仅能靠蝴蝶传粉；舌唇兰也主要由蝴蝶传粉。但这些研究十分有限，以至于无法评价蝴蝶的传粉作用，也难于探讨蝴蝶与其传粉植物之间的协同进化。国内尚未见到有关这方面的报道。

动动手：观赏昆虫的采集方法

仔细观察动静，摸清昆虫飞动的规律，结合当时的风向、风带等因素，再立意做好准备，开始挥网捕捉。根据昆虫飞临方向，或迎面或旁侧及时调整最佳方位，出其不意，一举入网。如一网失误，不必尾追，而是以逸待劳，再等二网。一旦昆虫入网，要立即翻转网袋，把网底甩向网口，封住网口后，入网的昆虫才不致逃逸。

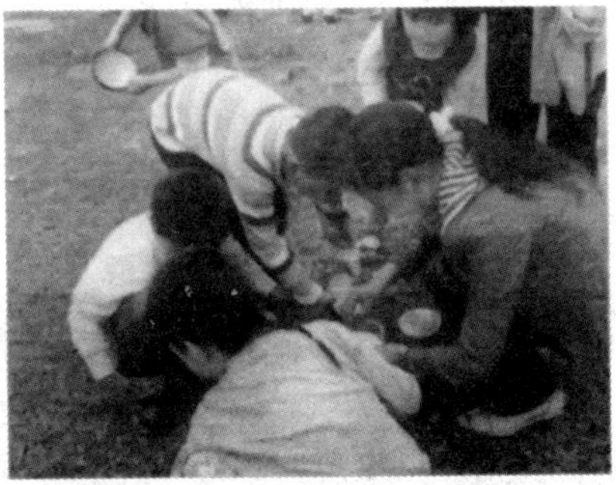

◆童年乐趣——捉昆虫

田园“歌唱家”——蝉

盛夏炎暑，蝉鸣能给人带来野趣、宁静和凉意。那抑扬顿挫的蝉鸣声，还往往会使人追忆儿时的情景。夏季，当一阵雷雨过后，在树根周围的地面即可发现一些圆圆的洞穴，这就是蝉儿出土的地方，碰上好运气，还能抓到没有蜕壳的蝉儿。

蝉属于同翅目蝉科，全世界已知约2000种，中国仅有200种。它们在自然界出现的时间前后不一。

◆田园歌唱家——蝉

蚱蝉又叫知了，鸣蝉，在这个小家族中个头最大。体长约4厘米，全身漆黑发亮，鸣声粗犷而洪亮，像是男高音。不过，它们的声音有点刺耳，每当中午时分，当群蝉齐鸣时，颇有扰人休息之嫌。鸣蝉个性孤僻，只在山区分布，叫声总是“呜呜呜……哇”的悲哀凄惨的声调，好像是在哭泣。伏了蝉到夏至时才登台歌唱，“伏了、伏了”地连声不停，伏天刚到，它便迫不及待地告诉人们“伏了”。也许它是好意，提前告诉人们伏天到了，请做好防暑降温的准备。

名人介绍：歌唱家——寒蝉

◆秋蝉

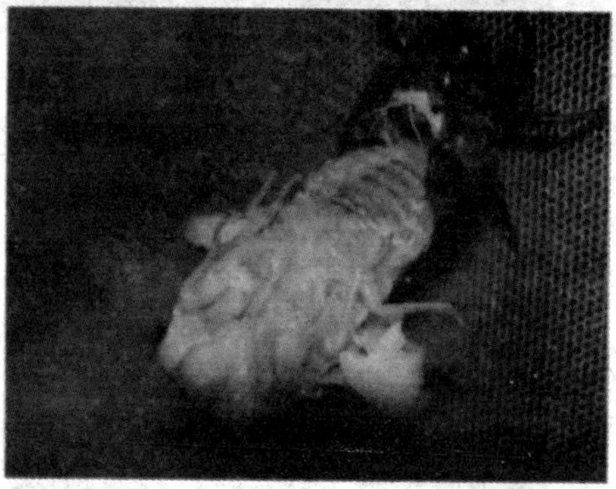

◆蝉的幼虫——节猴子

寒蝉，体长约2.5厘米，头胸淡绿色，因它在深秋时节叫得欢，故又称秋蝉。寒蝉入秋才开始鸣叫，它们的歌唱才是这场“蝉声系列音乐会”的压轴曲。不过它们只是“滋滋滋”的一个音符，唱得太单调，其艺术水平实在不堪担负压轴的重任。蝉之所以能鸣叫，是因为它的腹部有一对鸣器，由鼓膜和发音膜组成，当膜内发音膜收缩时，便产生声波，发出嘹亮的声音。不过别忘了鸣器只雄蝉才有，雌蝉是“哑巴”。

蝉属不完全变态的渐变态类。一般生活史都较长，2 ~ 3年完成一代。最著名的种类要数美国的17年蝉，此外还有3种13年蝉，它们都是昆虫中的寿星。蝉的生活方式较为奇特。夏天，蝉产卵后一周内即死去，卵经过一个月左右即孵化，孵化后若虫掉落到地面，自行掘洞钻入土中栖身。在土中，以刺吸式口器吸食树根汁液为生。它们要经过漫长的若虫期。老熟幼虫爬出洞穴后，慢慢爬上树干，然后自头胸处裂开。不久，成虫爬出蝉壳，经阳光的照射，翅膀施展、干燥。羽化过程约需1 ~ 3小时。成虫飞向丛林树冠，以其刺吸式口器刺入树木枝干吸食汁液，对林木、果树等造成危害。成虫性成熟后，雄虫开始鸣叫，吸引雌虫进行交配。交配后雄虫死亡，雌虫产完卵后也相继死亡，从而完成其传种接代的使命。

蝉有趋光性，当夜幕降临，只需在树干下烧堆火，蝉即会扑向火光，此时迅速上前活捉，十拿九稳，非常有趣。

轻音乐演奏家——螽斯

螽斯是昆虫“音乐家”中的佼佼者。螽斯最突出的特点就是善于鸣叫，其鸣声各异，有的高亢洪亮，有的低沉婉转，或如潺潺流水，或如急风骤雨，声调或高或低，声音或清或哑，给大自然增添了一串串美妙的音符。

◆这个家伙你肯定见过

螽斯也叫蝈蝈，又称哥哥，是鸣虫中体型较大的一种。体长在40毫米左右，侧扁。触角丝状，通常超过体长。覆翅膜质，较脆弱，前缘向下方倾斜，一般以左翅覆于右翅之上。后翅多稍长于前翅，也有短翅或无翅种类。雄虫前翅具发音器。前足胫节基部具1对听器。足跗节4节。尾须短小，产卵器刀状或剑状。栖息于树上的种类常为绿色，无翅的地栖种类通常色暗。

◆还记得小时候有人挑担卖蝈蝈吗？

螽斯科为渐变态昆虫，一生要经历卵、若虫和成虫3个阶段。卵多产于植物组织中，或成列产于叶边缘或茎干上，一般不产在土中，若虫需蜕皮5～6次才能变为成虫。蝈蝈一年一代，成虫通常在7～9月为活跃期。成虫植食性或肉食性，也有杂食种类，多栖息于草丛、矮树、灌木丛中，善于跳跃不易被捕捉。有时捉住了它的一条腿，它会毫不犹豫地“丢足保身”，断腿逃窜。因此，当你去捕捉时一定要十分小心。雄虫脱皮后3～10天开始鸣叫，夏日炎炎，常引吭高歌，铿锵有力。天气越热，叫得越欢。谚语说：“蝈蝈叫，夏天到”。在我国的南北方均有它们的“声”和“影”。在民间饲养广泛，深得爱好者的青睐。每到夏秋季节，大街小巷常可见到叫卖蝈蝈的小贩。

讲解：螽斯为什么鸣叫?

能够发出声音的只是雄性螽斯，雌性是“哑巴”，但雌性有听器，可以听到雄虫的呼唤。雄虫通过发出自己独特的鸣声（声音通信），借以寻找配偶，吸引同种雌虫前来交配，进行生殖活动。以此为目的鸣叫是一种多音节或单音节构成的唧唧声，称作“婚恋曲”，雄虫往往能连续唱很长时间，并常会有几头雄虫同时高歌，雌虫闻声赶来，一般选中歌声洪亮者作为自己的“恋人”。

药到病除——药用昆虫

人类利用昆虫作为人药已有很久的历史。2000多年前的《神农本草经》中记载的药用昆虫有21种，《本草纲目》和《本草纲目拾遗》两书共记载了88种。目前入药的昆虫已有300种左右。最常见的有蚂蚁、蟑螂、蜣螂、斑蝥、僵蝉、冬虫夏草、僵蚕、蚁蛉、九香虫等。

人类使用昆虫入药的历史

在传世的文献中，最早记载昆虫药用价值的医学书籍首推《神农本草经》，它是中国古代研究药学时所用的药典。《神农本草经》中有药365种，记载作为药用的“虫”（广义的）29种，其中属于昆虫的为21种。这21种虫药分上、中、下三品。上品无毒，有：石蜜、蜂子、蜜蜡、桑螵蛸；中品无毒或中毒，包括露蜂房、蚱蝉、白僵蚕；下品多毒，有：蛴螬、石蚕、雀瓮、樗鸡、斑蝥、蝼蛄、地胆、萤火虫、衣鱼、木虻、蜚虻、蜚蠊。

◆李时珍，在他的著作《本草纲目》中记载了许多入药的昆虫

李时珍的《本草纲目》把广义的“虫”药扩充到106种，其中昆虫药为73种，分为“卵生”、“化生”和“湿生”三类。清代赵学敏在《本草纲目拾遗》中又补充动物药32种，其中属于昆虫的11种。

总计在动物药中，真正属于昆虫及其产品的，有100余种，有些昆虫的药用价值很高，对人类医病防病、滋补健身以及延年益寿起到了很重要的作用。下面介绍一些常用的入药昆虫：

名贵中药——冬虫夏草

◆名贵中药——冬虫夏草

◆地里长出的冬虫夏草

蝙蝠蛾科昆虫的幼虫在秋冬季被虫草属的一种真菌感染死亡后，第2年夏天从幼虫头上长出一根虫草属的真菌角状子座，即为冬虫夏草。夏至前后挖取，去泥土后晒干或烘干。生用。具益肾补肺、止血化痰之功效。用于久咳虚喘、劳嗽痰血、阳痿遗精、腰膝酸痛等症。可单用浸酒服，也可以本品与鸡、鸭、猪肉等一起炖食，对病后体虚不复、自汗畏寒等有补虚功效。对肺癌等肿瘤也有一定的辅助治疗作用。

冬虫夏草菌子囊菌之子座出自寄主幼虫的头部，单生，细长如棒球棍状，长3 ~ 11厘米；不育柄部长3 ~ 8厘米，直径1.5 ~ 4毫米；上部为子座头部，稍膨大，呈圆柱形，长1.5 ~ 4厘米，褐色，除先端小部外，密生多数子囊壳；子囊壳大部陷入子座中，先端凸出于子座之外，卵形或椭圆形，长250 ~ 500微米，直径80 ~ 200微米，每一子囊壳内有多数长条状线形的子囊；每一子囊内有8个具有隔膜的子囊孢子。寄主为鳞翅目、鞘翅目等昆虫的幼虫，冬季菌丝侵入蛰居于土中的幼虫体内，使虫体充满菌丝而死亡。翌年夏季长出子座。分布四川、云南、贵州、甘肃、青海、西藏等地。冬虫夏草为虫体与菌

> 冬虫夏草主产青海、西藏、四川、甘肃、云南、贵州，以西藏那曲和青海玉树所产冬虫夏草质量最佳。

座相连而成，全长9～12厘米。虫体如三眠老蚕，长约3～6厘米，粗约0.4～0.7厘米。外表呈深黄色，粗糙，背部有多数横皱纹，腹面有足8对，位于虫体中部的4对明显易见。断面内心充实，白色，略发黄，周边显深黄色。菌座自虫体头部生出，呈棒状，弯曲，上部略膨大。表面灰褐色或黑褐色，长可达4～8厘米，径约0.3厘米。折断时内心空虚，粉白色。微臭，味淡。以虫体色泽黄亮、丰满肥大、断面黄白色、菌座短小者为佳。

知识窗

冬虫夏草的采集

夏至前后，当积雪尚未溶化时入山采集，此时子座多露出雪面，过迟则积雪溶化，杂草生长，不易找寻，且土中的虫体枯萎，不合药用。挖起后，在虫体潮湿未干时，除去外层的泥土及膜皮，晒干。或再用黄酒喷之使软，整理平直，每7～8条用红线扎成小把；用微火烘干。

讲解：冬虫夏草为什么那么名贵?

冬虫夏草之所以名贵，主要与其生长环境有关。关于虫草的生长，一般人对其感到神秘莫测，前人曾有诗云：“冬虫夏草名符实，变化生成一气通。一物竟能兼动植，世间物理信难穷。”其实，虫草是一种昆虫与真菌的结合体。虫是虫草蝙蝠蛾的幼虫，菌是虫草真菌，每当盛夏，海拔3800米以上的雪山草甸上，冰雪消融，体小身花的蝙蝠蛾便将千千万万个虫卵留在花叶上。继而蛾卵变成小虫，钻进潮湿疏松的土壤里，吸收植物根茎的营养，逐渐将身体养得洁白肥胖。这时，球形的子囊孢子遇到虫

◆冬虫夏草的生长环境在雪域高原

草蝙蝠蛾幼虫，便钻进虫体内部，吸引其营养，萌发菌丝。当虫草蝙蝠蛾的幼虫食到有虫草真菌的叶子时也会成为虫草。

受真菌感染的幼虫，逐渐蠕动到距地表 2 ~ 3 厘米的地方，头上尾下而死。这就是“冬虫”。幼虫虽死，体内的真菌却日渐生长，直至充满整个虫体。来年春末夏初，虫子的头部长出一根紫红色的小草，高约 2 ~ 5 厘米，顶端有菠萝状的囊壳，这就是“夏草”。

昆虫中药赏析

◆蝼蛄

【土狗（蝼蛄）】

土狗属直翅目，蝼蛄科昆虫。不完全变态。采集活蝼蛄，埋入石灰中处死焙干，即成为中药材土狗。由于烘干后的蝼蛄身体紧缩，头向腹部弯曲，六足紧抱，形状像条卧着的狗，故取名“土狗”。土狗具利水、消肿、解毒的功效。内服可治水肿、小便不利、石淋、跌打损伤等症；外用可治疗脓疮肿毒。

◆螳螂的卵块

【桑螵蛸】

桑螵蛸是螳螂目昆虫所产的卵块。卵块粘附于树木枝条或墙壁上，故称螵蛸；产于桑树枝条上的称桑螵蛸。秋末冬初之际，树叶脱落后明显可见，极易采取。除去树枝，置沸水中浸杀其卵，蒸透晒干或烤焦备用。具补肾助阳、固精缩尿之功效。常用于遗尿、尿频等症。

【地鳖虫】

地鳖虫是蜚蠊目，鳖蠊科昆虫的雌成虫。不完全变态。通称地鳖虫、土鳖虫、土元。药用地鳖虫有 3 种：中华地鳖（中药名苏土元）、冀地鳖（中药名大土元）、东方后片蠊（中药名金边大土元）。过去只靠人工采集，不能满足需要，现已人工饲养成功。具破血逐瘀、续筋接骨的功效。用于闭经、产后瘀阻、症瘕等症。亦可用于骨折损伤、瘀滞疼痛、腰部扭伤等症。

◆地鳖虫

【蝉蜕（蝉衣）】

蝉蜕是蝉的老熟若虫所蜕下的皮。蝉属同翅目，蝉科，不完全变态昆虫。蝉的若虫生活在地下，老熟若虫将要羽化时自地下爬出，爬上树干蜕最后一次皮而变为成虫。夏秋之际，在树干或枝条上很容易采到蝉蜕，去掉泥土杂质，晒干即可。蝉蜕无味而性微寒，具疏风热、透疹、明目退翳、息风止痉等功效，其头足解热作用明显，胸腹部止痉效果最强。用于外感风热、头痛、小儿惊哭夜啼等症。

◆蝉衣就是蝉蜕下的皮

【九香虫】

九香虫是半翅目，蝽科，属不完全变态类陆生昆虫。药用为干燥全虫。冬春两季捕捉后放入罐内，加酒盖紧将其闷死（或用沸水烫死），取出晒干或烘干，或用文火微炒即可用。具行气止痛、温肾助阳的功效。可治脘闷腹胀、胁肋作痛、胃脘疼痛、肾阳不足等症。

◆九香虫

【斑蝥】

斑蝥是鞘翅目，芫菁科昆虫。完全变态。夏秋两季捕捉，放入罐中闷死，晒干。同时去头、去足、去翅。生用，或与糯米同炒至黄黑色，除去米将虫体研成粉末使用。具攻毒蚀疮、破血散结之功效。自古以来将虫干燥研成粉末，作为药用（发泡剂、利尿剂），用于痈疽、顽癣、狂犬咬伤等症。斑蝥体内含有强烈的斑蝥素，毒性很大，外用能使皮肤起泡，故有攻毒蚀疮功效。如《仁斋直指方》称，治痈疽肿硬不破，用经加工后的虫体研磨成粉末与大蒜捣膏，使用少许贴上，脓出即去药。《医方大成论》说，用斑蝥 21 只、糯米一勺，分三次炒，炒后去斑蝥，以米为粉，空腹冷水调服，治狂犬咬伤。

◆斑蝥

【金凤蝶（茴香虫）】

金凤蝶属鳞翅目凤蝶科，完全变态。金凤蝶广布于全国各地，春、秋两季捕捉其幼虫（茴香虫）以酒醉死，焙干研磨成粉。本品有温中散寒、理气止痛的功效。可治胃病、小肠气等。

◆金凤蝶的幼虫——茴香虫

【白僵蚕】

白僵蚕是蚕的幼虫在吐丝前因感染白僵菌而发病致死的僵化虫体。蚕属鳞翅目，蚕蛾科昆虫，完全变态。入药的白僵蚕是经晒干生用或炒用。具息风止痉、祛风止痛、解毒散结的功效。白僵蚕可治中风失音，用于风热与肝热所致的头痛目赤、咽喉肿痛、痰咳、疔肿丹毒等症。

◆白僵蚕

【露蜂房】

它是膜翅目，长脚蜂科，大黄蜂的空巢或连蜂蛹在内的巢。采时应烧烟驱散蜂群，然后摘取蜂巢，晒干或蒸，取出死蛹、死蜂，剪成小块。生用或炒用。具攻毒、杀虫、祛风之功效。用于痈疽、牙痛、癣疮等症。

◆露蜂房

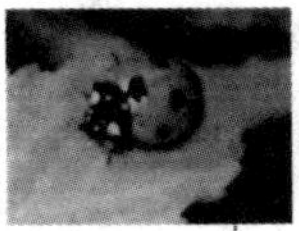

高蛋白食品——饲用昆虫

◆现代化养鸡场需要高营养饲料

昆虫体内含多种复合营养物质，经烘干加工粉碎后混于家禽家畜饲料中，可补充动物质营养，提高禽类的产蛋量或畜禽的瘦肉率。可用于配制饲料的昆虫，称为饲料昆虫。经试验证明，在夏秋季用灯光诱虫养鸡，可使雏鸡重增加30％，产蛋率提高25%。人们还利用灯光诱虫，招引大量昆虫作为鱼的饵料。据调查，淡水鱼的自然饲料中70%左右为昆虫，其中蜉蝣、石蚕、蚊、大蚊等的幼虫或稚虫最多。目前已知饲料昆虫多达1000余种。也可以说，除少数有剧毒的昆虫种类外，其余种类的昆虫都可经收集、加工后作为动物性饲料。

昆虫的营养价值

◆用大麦虫饲养的甲虫

目前饲料资源缺乏日趋严重。昆虫体内营养结构合理、含量丰富，是地球上种类最多、生物量巨大的类群，具有高效的生长繁殖能力和顽强的生命力，繁殖世代短、繁殖指数高、饲养成本低、有机物转化率高、容易饲养等特点，可在短期内获得大量昆虫产品。虫源性

◆大麦虫是人工养殖最理想的饲料昆虫

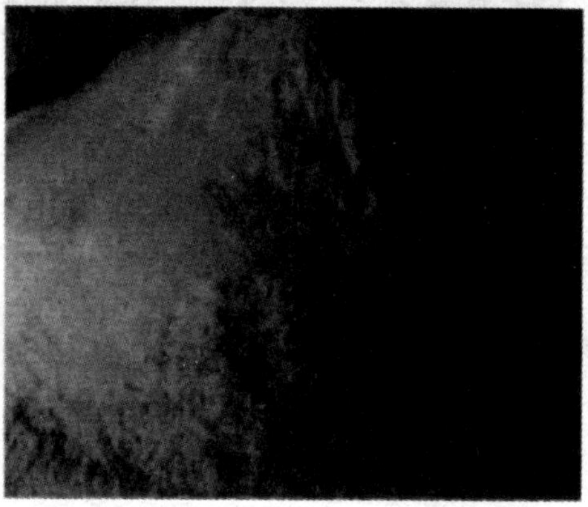

◆饲用昆虫可以加工成粉末，方便存储

饲料及饲料添加剂的开发与研制，无疑具有广阔的前景。昆虫体内含量较高的营养物质包括蛋白质、甲壳素/壳聚糖和脂肪酸三类，维生素、矿物质成分和微量元素含量也较丰富。

昆虫的蛋白质营养　昆虫的蛋白质含量很高，很多昆虫干体的蛋白质含量高达50%以上。如黄粉虫干粉和蝇蛆干粉的蛋白质含量分别达到60.88%和54%；稻蝗干虫体蛋白质含量高达68.61%；而蟋蟀体中蛋白质占鲜体重的20.18%，明显高于其他动物营养源。更重要的是，昆虫蛋白质中氨基酸组分分布的比例与联合国粮农组织制定的蛋白质中必需氨基酸的比例模式非常接近。因此，昆虫是高品质的动物蛋白质资源。

中国有饲养家蚕的习惯，从蛹中提取蛹油供食用。一些脂肪含量较高的昆虫，可用来提取油脂供食用或饲料原料。

昆虫的甲壳素与壳聚糖营养　壳聚糖又称几丁聚糖、可溶性甲壳素。壳聚糖对动物具有多种生物活性，如增强动物体内巨噬细胞的功能，增强动物肝脏的抗毒作用，促进伤口愈合，提高抗炎作用、抗凝血作用、降低胆固醇和预防胆结石的作用，促进动物肠道益生菌乳酸菌和双歧杆菌的生长等。研究表明，壳聚糖能降低蛋鸡血清和蛋黄胆固醇含量、降低肉鸡体内胆固醇含量和改善肉鸡生长性能、增强动物的免疫功能等。目前国内大都采用虾壳、蟹壳作为原料制备壳聚糖，但由于提取成本较高，其应用受到一定限制。而昆虫是地球上最大的优势动物类群，体壳中甲壳素含量高达70%，制备工艺成熟，开发利用昆虫甲壳素/壳聚糖具有潜在优势。

昆虫的脂肪酸营养　许多昆虫都含有丰富的脂肪，脂肪酸含量为10%～50%，部分昆虫含量高达60%，其中不饱和脂肪酸含量很高。

蛋白质新来源——饲用昆虫

目前世界上可提供食用的昆虫有500余种，其中有许多品种营养丰富，蛋白质含量高，可用来代替精饲料喂养禽畜和名优水产品。

【蝇蛆粉】

饲养蝇蛆的食料是米糠、麸皮、红白糖、猪粪、碎骨碎肉等。生产周期一般只需几天，但必须选择优良的家蝇种，经过成蝇的饲养繁殖、收集蝇卵、蝇蛆饲养、幼虫收集等过程来完成，幼虫晒干或烘干后粉碎即成蝇蛆粉。

◆蝇蛆的饲养简单，产量高

活蝇蛆蛋白质含量为15.6%，可直接用来喂鸡、鸭、鹅；加工成蝇蛆粉，粗蛋白质含量高达60%左右，最高的样品高达68%左右；粗脂肪含量10.6%～63.0%，与进口鱼粉相似；赖氨酸含量为4.1%，蛋氨酸含量为1.9%，色氨酸含量为0.7%，氨基酸总含量占总物质的52.2%，还含有生命活动必需的铁、锌、钙、锰等17种微量元素。

◆面包虫不仅可以做成饲料，也可以烹制成美味佳肴

【黄粉虫】

黄粉虫的食料以麦麸、米糠为主，也可用少量青菜、白菜、包菜、西瓜皮等作辅料。黄粉虫2.5～3月为一生活周期，每1.25千克麸皮可生产0.5千克黄粉虫。

黄粉虫又称面包虫，其成虫、幼虫及蛹的粗蛋白含量较高，分别为64.8%、47.7%和55.2%；粗脂肪含量分别为17.1%、37.6%和30.4%；含有动物生长发育必需的16种氨基酸，其中赖氨酸含量分别为3.1%～3.5%、3.6%～3.7%、3.4%～3.9%；蛋氨酸含量分别为0.5%～0.9%、0.6%～0.9%、0.5%～1.0%；氨基酸总量分别为4.06%～53.6%、42.8%～58.3%、46.7%～63.4%；此外，还含有磷、钾、铁、钠和钙等多种微量元素。

◆蚕沙不仅是一味中药，还可以做成饲料

【蚕沙】

蚕沙是家蚕幼虫排出的粪便，一般在养蚕季节收集二眠至三眠幼虫排出的粪便，经除杂后晒干而成。蚕沙中含有多种营养成分，其中含粗蛋白15.4%，粗脂肪3.9%，无氮浸出物占36.2%，粗纤维占19.6%，磷占0.8%，钙占0.6%，还有铜、铁、锌等微量元素，并且含有少量生物碱，类肾上腺皮质激素，维生素A、B、C、D、E和烟酸等；另外还含有一种促生长因子。

据报道，在鸡饲料中加5%蚕沙，减少5%麸皮，可提高产蛋率，降低成本。用一定比例的蚕沙喂猪，可使猪食欲旺盛，贪睡，毛色光亮，育肥快13.3%，成本降低19.4%。但蚕沙容易带有病菌，用作饲料时注意消毒灭菌。

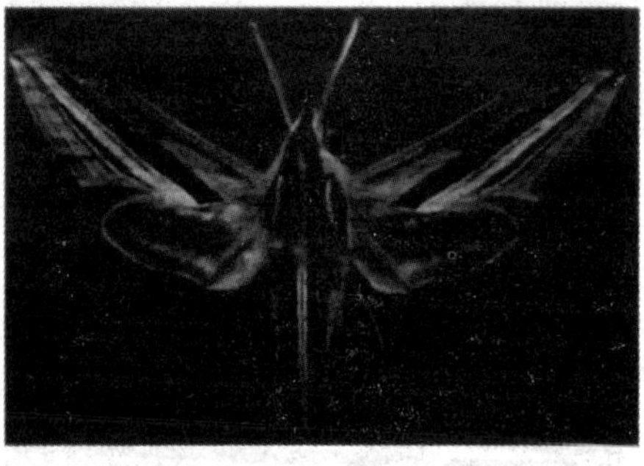
◆天蛾

【天虻和天蛾】

昆虫天虻以食畜禽粪为生，易于规模化自然诱集，设施投入少。天蛾取食甘薯叶片，个体大，容易大规模繁殖，天虻的蛋白质营养价值较高，而且具有水产动物相似的氨基酸组成与比率。同时含有相当量的鲑科鱼类所需的限制性必需氨基酸，有良好的嗜食性和促长效果，是较为理想的动物性蛋白源与鱼粉替代物。也含有相当量的蛙科鱼类所需的必需脂肪酸、亚油酸、亚麻酸等不饱和脂肪酸。有关资料介绍，添加亚油酸和亚麻酸等脂肪酸的饲料，鲤鱼增重最高。鱼类如果缺乏不饱和脂肪酸，会使鱼体体色暗淡，生长缓慢，心肌病变，最后死亡。

天蛾的蛋白质营养价值和脂肪酸营养价值与天虻的相同。天虻和天蛾这两种昆虫还富含鱼体的必需成分，饲料中不可缺少的营养成分，矿物质钙、镁、铁、铜、锌等。昆虫天虻的含钙量是16.8%，含铁量是1058微克/克，含锌量是141.1微克/克，其他如锰、镁、磷、铜的含量也较高。

广角镜：饲用昆虫的应用

◆蚯蚓可以用来养鱼

在家禽生产上的应用　用10%蝇蛆粉喂养蛋鸡，其产蛋量比喂同等数量的国产鱼粉的蛋鸡的提高19.5%，饲料转化率提高15.8%，成本降低40%，且可提高鸡蛋及鸡肉的品质。

在水产生产中的应用　在配合饲料中添加活黄粉虫喂养甲鱼、鳗鱼等特种水产动物，适口性好，长势快，抗病力强；在粗饲料中添加5%～8%蚯蚓粉喂鱼类，其生长速度可提高15%；用16%的柞蚕免疫活性蛋白替代鱼粉饲喂鲍鱼，其增长率可提高31.2%～32.9%，并有望缩短鲍鱼的育成时间。

资源昆虫
——给人类添加财富

人们常常看到昆虫危害农作物和森林，造成饥荒；人们也常常听说昆虫是疾病传媒，时时威胁人类健康。其实，昆虫还可以给人类带来巨大的财富，请看——

种类丰富的资源昆虫

◆昆虫学家——刘崇乐

昆虫是地球上种类最多的物种，全球已被命名的昆虫种类估计在100万种以上（有人估计可能达200万种）。昆虫虽有对人类有害的一面，但也给人类带来巨大的财富。早在20世纪50年代，昆虫分类学家刘崇乐就提出了资源昆虫利用的观念。

资源昆虫是指昆虫产物（分泌物、排泄物、内含物等）或昆虫体本身可作为人类资源利用，具有重大经济价值，种群数量具有资源特征的一类昆虫。人类科学技术的进步将给昆虫利用带来前所未有的促进和发展。

材料资源——昆虫产物及昆虫体作为工业原料和生物材料具有广阔的应用前景，昆虫产物，如：紫胶、白蜡、五倍子、胭脂红等在军工、化工、医药、食品工业等行业具有广阔的市场。随着高新技术的发展，资源昆虫育种技术将取得突破性进展，紫胶、白蜡、五倍子、胭脂红等昆虫产品经过育种技术和加工技术的改造，将产生出更多的新产品，开发出更广阔的新用途。

昆虫作为生物材料的应用范围很广，昆虫是一座巨大的几丁质资源库，它身体中的主要结构组成是几丁质，几丁质是一种糖蛋白，几丁质—蛋白质复合物的研究，以及它在昆虫体壁形成过程中的作用等方面的研究，可能使几丁质作为人造皮肤等生物材料的研究取得突破性进展，现已初步应用于临床。作为一种特殊的糖蛋白，几丁质在医学上还有十分广阔的应用前景。

昆虫体内的一些特殊性质的酶、激素、色素、蛋白质都可能通过生物技术，如：细胞离体培育、克隆技术、基因导入等，实现工厂化生产，得到医学或其他特殊目的的产物。

萤火虫产生的荧光有很重要的价值，日本通过基因工程，将发光基因导入家蚕体内已获成功。

昆虫种类丰富，形态多姿多彩，蝴蝶、萤火虫、甲虫等都是宝贵的生物资源，除工艺品外，蝴蝶、甲虫的翅（鞘翅）都是难得的生物材料，可以在工业和医学上应用。

知 识 窗

昆虫与药物

昆虫体内能诱导和产生抗生物质（抗菌蛋白、抗菌肽、溶菌酶、防御素等），这些抗菌物质具有较强的杀菌作用和较广的抗菌范围，而且分子量小，理化性质稳定，还可以通过转基因工程导入植物培育抗病虫品种，也可以通过基因工程、细胞工程和发酵工程工厂化生产昆虫抗菌物质，制成基因药物。

药物资源——迄今为止，人类使用的药物绝大多数来自植物、动物和微生物。为了寻求新药资源，人类对植物药物的筛选作了非常大的努力，对微生物药的筛选几乎把地球上的土壤翻了一遍；昆虫种类占自然界中生物种类的五分之四以上，物种种类远远超过植物和微生物，昆虫具有许多独特的性质可以用于医药，比如苍蝇身上沾满了细菌，却不会生病。可以说，像发现青霉素一样，21 世纪药物学上的重大革命可能产生在昆虫中。

知识库：斑蝥素可抗癌

昆虫毒素在药物上也具有很广阔的应用前景。据统计，已发现有毒素的昆虫种类有700多种，昆虫毒素具有60多种。蜂毒用于治疗风湿类风湿关节炎，红斑狼疮，脉管炎，高血压等疾病；斑蝥素具有明显的抗癌作用；蚂蚁、蜚蠊等都有很高的药用价值。21世纪昆虫毒素将广泛用于医学，利用生物化学技术，研究昆虫毒素的成分、结构、药理，进而提取人工合成或通过生物技术来生产医药昆虫毒素，并应用于临床。

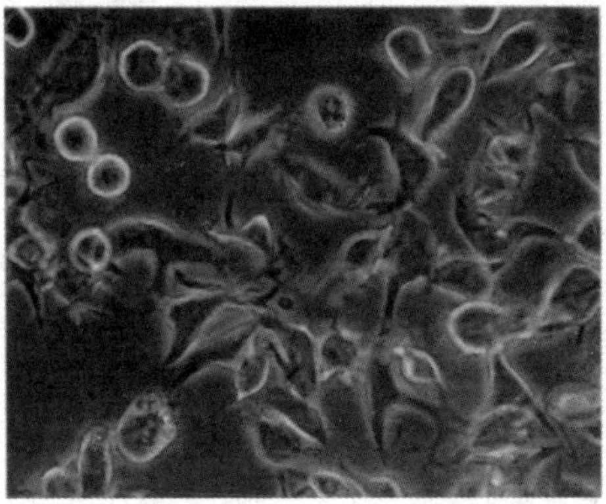
◆昆虫细胞培养

◆天敌昆虫

蛋白资源——昆虫体内含有丰富的蛋白质、氨基酸、维生素类物质、微量元素等，营养十分丰富，世界上把昆虫作为食品的习俗十分普遍，据统计，全世界有食用昆虫3000余种，我国约有100余种，其中不少为营养珍品。昆虫除可以供人类食用外，作为动物饲料也具有很高的价值，完全可以与鱼粉等饲料添加剂媲美。

昆虫细胞离体培育的前景亦十分诱人，利用细胞工程培养昆虫细胞，并进入工厂化生产，特别是一些兼有食疗作用的珍贵昆虫，体内含有许多可供人类利用的特殊物质（如：激素、酶、脂类、蛋白质等），都可以采用生物技术，生物化学方法加以提取、合成及利用。

生态资源——昆虫害虫给农林业生产造成极大的危害，防治害虫成为粮食增产、保护森林的重要措施。化学农药防治虽然有较好的效果，但残留农药也造成环境污染，给人类健康带来危害。同时害虫还会产生抗药性，增加防治的难度。天敌昆虫能有效地控制害虫，而且不污染环境，害虫不会产生抗药性。天敌昆虫作为一种特殊的资源愈来愈受到重视，在农林业生产和环保中扮演着重要的角色。在欧美、日本等发达国家，天敌昆虫的研究与利用已发展到产业化，利用现代化的设备和条件大批量地生产天敌昆虫已逐步发展成一种新兴产业。我国在赤眼蜂等天敌昆虫的研究和应用上已取得了很高的成就。随着人类环境意识和健康意识的增强，天敌昆虫将会得到更广泛的应用和普及。

科研资源——昆虫种类千差万别，结构与功能各异，精巧的昆虫结构对仿生学技术的发展起到了很大的促进作用，模仿昆虫的结构和功能而创造出奇妙的高科技产品已成为仿生学中的一个重要研究内容。目前，世界上通过对昆虫触角、眼、翅等结构与功能的研究，已研制出了机器人等产品。日本筑波大学神奇亮平博士已成功地研制出根据嗅觉寻找目标的机器人。昆虫脑神经机能与工业应用等研究内容，在21世纪可能取得重大突破，并应用于医学、军工等行业。

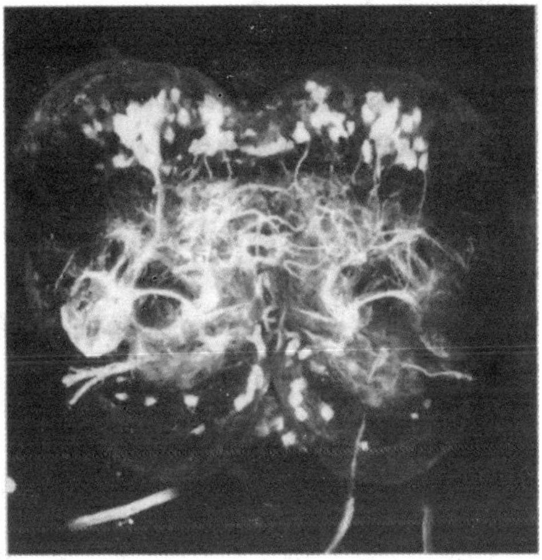
◆蛾子脑内的神经元

蚕与蚕丝

我国广阔的原野上生长着许多桑树，有乔木，也有灌木。在桑树上生息好几种昆虫，它们取食桑叶或蛀食树干。这些昆虫中，有一种吐丝作茧的鳞翅目昆虫引起了先民的注意，这就是桑蚕。桑蚕取食桑叶后吐丝结

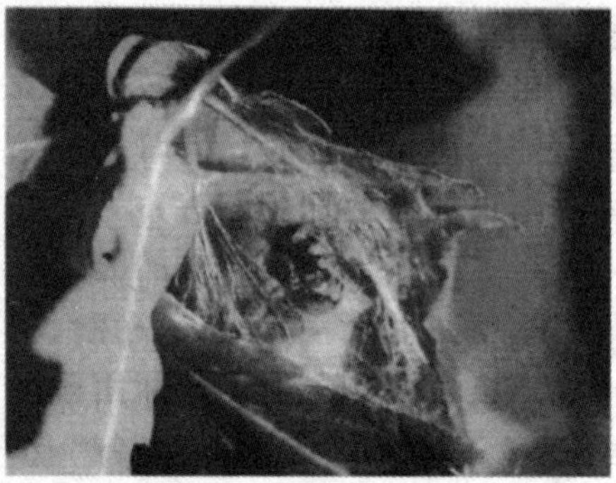

◆野蚕在树叶上吐丝结茧

茧，然后钻出茧壳羽化为蛾子。人们发现将这种茧壳浸湿后，可以拉出长长的银色丝缕，这丝缕可捻成线，也可织成绸。这比起当时的衣服原料麻布和葛布来，要漂亮得多了。随着先民生活的定居，人们为了获得更多的蚕茧，即开始了人工饲养，并把蚕移到室内来驯养。

万花筒

智慧的结晶

利用冷藏的方法改变蚕种的化性（昆虫一年发生的世代数目，叫做化性）是我国古代养蚕的劳动人民的伟大发现。他们将蚕卵封闭在罐中，然后置于冷泉水或高树浓荫下冷藏，可使蚕种在冬天也能饲养。如果不是这样，则在一年内要想多次养蚕是不可能的。

◆蚕农养蚕

家蚕，又叫桑蚕，属蚕蛾科，是由野蚕经过我们的祖先长期饲养所创造的物种，是人类改造自然的伟大成就。家蚕是完全变态昆虫，一生要经过卵（蚕种）、幼虫（蚕）、蛹和成虫（蛾）四个发育阶段。在几千年的饲养过程中，人们了解了蚕的生活习性，养蚕技术不断提高。在漫长的岁月中，人们通过选择的方法，选留吐丝多、结茧大的个体做种，又用杂交原理，把不同的性状结合在同一个体中而育成新的类型。这样，就有了茧色、体态、斑纹变化多端的数百个品种。现今，人们掌握了昆虫激素与变态发育的关系，已经能够人工调节蚕的发育。为了让蚕吐丝更多，抓住蚕产丝素、丝胶的五龄阶段，用保幼激素均匀喷布在蚕体上，就能延长蚕的生长期，使它更多地吃一些桑叶，多产蚕丝。如果当时缺少桑叶、病害蔓延或劳力不足，要蚕提前化蛹，则可以用蜕皮激素喷洒桑叶来喂养四龄幼虫，即可缩短生长期，提前吐丝结茧。此外，还可以用人工饲料替代天然饲料，增加养蚕次数。

◆柞蚕和家蚕看起来有很大差别

我国除桑蚕外，还有柞蚕、樟蚕、樗蚕、天蚕等。柞蚕属大蚕蛾科，原产山东莱州，是我国仅次于桑蚕的产丝昆虫，现盛产于辽宁、河南等省。柞蚕最早见于《尔雅》（公元前1200年），2700年前柞蚕丝已作为给皇帝的贡物，在汉代曾经由官方推广，经宋、元、明、清几个朝代引种推广，分布到了全国很多省份。其主要饲料树种是栎属各种的叶子。

◆樟蚕形似毛毛虫

樟蚕属大蚕蛾科，原产广东、广西一带，以樟叶、枫叶为食，它的丝被人们利用已有上千年的历史，大约在公元885年前后已有记载，其丝为纺织上等原料。古时用樟蚕丝经醋浸泡后拉丝作为弓弦，强度极大。现作为钓鱼线和医用缝线出口。

◆樗蚕

樗蚕属大蚕蛾科，其饲养历史不详。在山东省有小规模饲养，饲料是乌桕和臭椿。在南方有蓖麻蚕。

天蚕也属于大蚕蛾科，分布广泛，我国从东北向西南到广西、贵州、四川、云南等省份都有。寄主是各种柞树（一种中大型的乔木）和栎树。由于天蚕丝具有独特的性质，丝质光泽有色，为高贵装饰品的原料，国际商品价值高于桑蚕丝数十倍，被誉为“绿色金子”和“钻石纤维”。我国从唐朝已开始利用，距今约1300多年。人工饲养至少开始于17世纪，约在100年前已向外国出口。

小资料：家蚕驯育起源的神话

◆古代养蚕图

家蚕驯育是我国远古时代不知名的劳动人民在实践中掌握自然规律而加以利用的事实，但毕竟历史过于悠久而无法追溯到其最早起源，因而就有了各种传说和神话。

相传在太古时代有父女二人，父亲外出打工，仅留下女儿一人和一匹马在家。女儿自己饲养此马。她非常思念打工在外的父亲，就对马戏言：“你要是能把我父亲接回来，我就嫁给你。”马听了此言后便挣脱缰绳而去，径直跑到了父亲打工的地方。父亲见到马后就牵来骑上。马朝着来的方向悲鸣不已。父亲见状，猜测家里有事，就骑马回到家里。畜生有非常之情，所以父亲就更加精心喂养。但马不肯吃食，每见到女儿出入都要喜怒击蹄。父亲觉得奇怪，就悄悄地问女儿。女儿只好如实相告。父亲认为此事有辱家门，就用箭将马射死，把马皮剥下晒在院中。父亲又出门了。女儿与邻家女友来到马皮前，对着马皮嘲笑说：“你一个畜生为什么要娶一个女人呢？招此杀身之祸，何苦呢！”话音刚落，马皮突然飞起，将女儿卷走。邻家女友大惊失色，不敢抢救，只好去告诉她的父亲。父亲返回后到处寻找，未能找到。数天后，在一棵大树枝上发现了他们。女儿和马皮同时化为蚕，生息于树上，其茧厚大。邻女取而养之。因树为桑树，又因桑与丧同音，故取名为桑蚕，老百姓普遍饲养，即为今天的家蚕。

昆虫可做工业原料

昆虫及其副产品可作工业生产的原料，也许有人不相信，但这是千真万确的事实。

【紫胶】

紫胶也叫火漆，油漆材料的商品名称叫虫胶片。紫胶的主要成分是紫胶树脂，它有许多优良特性，平滑的表面，如玻璃、金属、云母等，有强烈的粘附力。在工业上的用途很广，可制成虫胶片供工艺使用。它是一种高档的涂料，把虫胶片溶解在95%的酒精中，用以油刷高级家具和木制品以及装饰品。除此之外，紫胶还是塑料、导电绝缘体、橡胶填充剂、防湿剂等重要工业产品的原料，广泛应用于军工、电器、橡胶、油墨、皮革、塑料、钢铁、冶金、机械等工业，以及木器、食品、医药等行业。

◆紫胶干品

小资料：紫胶是从哪儿来的呢?

◆紫胶虫

紫胶是同翅目，胶蚧科的雌性紫胶虫的分泌物。紫胶虫是世界有名的资源昆虫。紫胶虫寄生在豆科的黄檀属，桑科的榕属，田麻科的大叶子树和鼠李科的酸枣树等40多种乔灌木上。紫胶虫的原产地是印度、斯里兰卡、泰国、越南、印度尼西亚、菲律宾等国。在我国云南、贵州、四川、西藏、广东、广西、福建和台湾等地均有出产。我国紫胶的最大产区是在云南省境内。我国年产紫胶几十万千克，除满足国内市场需要外，还可部分出口。

◆寄生在仙人掌上的洋红虫

【洋红与胭脂】

洋红是从同翅目洋红虫科的洋红虫红色体液中提取的一种红色染料。洋红虫原产于墨西哥，是个体微小的一类介壳虫，寄生在仙人掌植物上。在化学染料尚未问世时，墨西哥的土著人发现了这种洋红虫，并作为红色染料使用。1518年西班牙将其传入欧洲，逐渐成为工业产品。1831～1874年是洋红虫的兴盛时期，产量达到最高峰。随着科学技术的进步，化学苯胺染料工业日益发展，洋红虫染料逐渐衰退，而被化学染料所取代。但洋红虫是属于生物产品的染料，它在食品、饮料、生物医药、化妆品等着色方面，现今仍然据有独特的使用优势，因为它对人体安全，这是化学染料无法比拟的。

胭脂是从珠蚧科的胭脂珠蚧的殷红色体液中提取的动物性染料。它是食品、生物及化妆染色的最佳原料。

【白蜡】

白蜡亦称虫白蜡，是白蜡虫寄生于女贞树上由雄虫分泌的蜡花，经加工熬制而成的精品。白蜡属于高分子动物蜡，以虫蜡酸、虫蜡醇酯为其主要成分。其熔点高而稳定性强，这是矿物质白蜡和蜂蜡不可与之相比的。商品白蜡色泽洁白、无臭、无味、油滑而有光泽，质地坚硬而有脆性。白蜡理化性质稳定，具有密闭、

◆白蜡是白蜡虫的分泌物，属天然脂类，呈乳白色，晶莹似玉

防潮、防锈、经久不腐、着光、生肌、止血止痛、补虚、续筋接骨等作用，是军工、轻工、化工、手工和医药生产上的重要原料。如金属品的防腐抛光，精密仪表机械的防潮、防锈及润滑。由于它熔点高，制出的模型、教具在夏季高温情况下不软化、不变形。可作造纸工业上的填充和上光剂，电容器的防腐，汽车蜡，地板蜡，化妆品的原料，用于名贵家具的抛光等，特别是军工、航天、科研等部门对白蜡的需求更是日益激增。

讲解：珍贵的虫白蜡

虫白蜡是我国的传统产品，在国际上享有盛誉。白蜡的珍贵稀有，一是受产区的局限。全世界也只有中国的湖南、四川、云南等少数省为主产区；二是用途广泛。早在公元1615年，外国传教士就在我国进行白蜡生产调查。19世纪英国驻华领事也考察了中国的白蜡生产。公元1922年日本人对中国白蜡进行了研究试验，前苏联、美国、印度等地曾引种繁殖。但据资料记载，目前，只有日本、俄罗斯、印度有少量白蜡生产实验外，其余基本未能成功。

我国古代白蜡的利用始于13世纪，只应用于烧烛或入药，在此之前，均用蜂蜡。虫白蜡产于我国西南各省，尤以四川、云南产量最多。据蔡邦华氏记载（1956），仅四川省白蜡集散地乐山、成都、宜宾3地，盛产时年达10万担（每担约50千克），现年产量7000余担，占全国的80%。

白蜡虫属同翅目、蚧科。白蜡虫寄生于木樨科的女贞属和白蜡树属的20多种阔叶树木上，其中白蜡树是它的主要寄主，故称为白蜡虫。白蜡虫每年只发生一代。受精雌虫越冬后，于次年3月上、中旬开始产卵。孵化出的幼虫，常藏匿母壳下10天左右，然后离开母壳在枝干间上下来回爬行，俗称游杆。60天内即可固定在向阳叶面的叶脉上，并将口针从叶脉处插入组织内，吸食生长，称为定叶。20天后第一次蜕皮，进入第二龄期，而离开叶面，在一两年生的嫩枝上，头部向下，尾部向上，终生定居下来，俗称定杆。50天后脱皮，变为成虫，进入交配生殖阶段。

雌幼虫出现两天后，即有雄幼虫爬离母壳，向上爬行群聚于背阴叶面，吸食生长。雄虫定叶后，体背渐生白丝包被。15天后第一次蜕皮，离叶到枝，依次一个接一个头部向上群聚于两三年生枝条下面，不再移动而形成蜡条，经4次蜕皮后而为成虫。成虫交尾后，渐趋死亡。此时为采收白蜡时期。

链接：女贞树与白蜡树

◆五倍子

女贞树是耐寒的常绿小乔木，树高可达15米，但用作虫树时，可用人工控制在2～3米左右，它是雌虫越冬及早春产卵的好寄生植物。白蜡树是落叶乔木，树高可达10～15米，截去主干后也可控制在2～3米。冬季落叶、夏秋季生长旺盛，为雄虫的生长发育提供养料，使虫体发育健全。

【五倍子蚜】

五倍子蚜属同翅目，倍蚜科。本科蚜虫无腹管，或腹管退化，口器退化。一般有发达的蜡腺，常分泌白绵状物质，故通常称为绵蚜或绵虫。角倍蚜，有翅型体长1.5毫米，无翅型体长1.1毫米，淡黄褐色或暗绿色，体被白色蜡质粉末，寄生在盐肤木上，形成不规则的虫瘿，含有优良的单宁类，其倍单宁含量达53.41%，在工业和医药方面有着重要用途，为著名的资源昆虫。五倍子粗看起来很像树上结的一颗颗果实，然而它却并非花朵受精后的产物，而是从一种叫盐肤木树上摘下来的虫瘿。

昆虫带来的启示

——仿生学

仿生学是指模仿生物建造技术装置的科学，它是在20世纪中期才出现的一门新的边缘科学。仿生学研究生物体的结构、功能和工作原理，并将这些原理移植于工程技术之中，发明性能优越的仪器、装置和机器，创造新技术。从仿生学的诞生、发展，到现在短短几十年的时间内，它的研究成果已经非常可观。仿生学的问世开辟了独特的技术发展道路，也就是向生物界索取蓝图的道路，它大大开阔了人们的眼界，显示了极强的生命力。

苍蝇的楫翅——振动陀螺仪

你讨厌苍蝇吗？讲究卫生，消灭苍蝇孳生的环境，它们就会远离。你那里环境脏乱差，苍蝇就会主动光顾，帮你消化垃圾和污物。令人生厌的苍蝇虽小，但它的飞行本领却相当高超，能一直不停地飞好几个小时，而且还可以垂直上升、下降，急速掉头飞行，定悬空中。它的“特技飞行”在目前来说是任何飞机都做不到的，这不得不令人对它“刮目相看”。

◆苍蝇其实很聪明

“逐臭之徒”的另类世界

能飞的昆虫，大多有高超的飞行技巧，苍蝇更是昆虫中飞行的高手。至今为止，科学家对苍蝇的飞行本领还没有研究透彻。苍蝇能灵活地在空中直飞，在空中振翅停留，在空中急转弯，退着飞，还能在空中盘转翻筋斗。这些复杂的高难飞行动作，连人造飞行器也无法与之相比，其中的物理学原理也高深难测。小苍蝇为何有这样大的本领呢？

◆苍蝇到底有几只翅膀？

一般人们认为苍蝇有两只翅膀。其实，准确地说它有 4 只翅膀。在它前面的翅膀

◆苍蝇的后翅演变成了一对哑铃形的平衡棒

之后，还长着一对哑铃形的小棒，这是退化的后翅形成的痕迹器官。这对小棒叫作楫翅，也叫平衡棒。它不但使苍蝇能直接起飞，而且是使苍蝇保持航向的导航器官。当苍蝇身体倾斜、俯仰或偏离航向时，楫翅振动频率的变化便被其基部的感受器所感觉。苍蝇的“大脑”分析了这一偏离的信号后，便向有关部位的肌肉组织发出纠正指令，并校正身体姿态和航向。因此，苍蝇等双翅昆虫平衡棒的重要功能是作为振动陀螺仪，是昆虫在飞行中保持正确航向的天然导航系统。

> 苍蝇在飞行中能在空中振翅停留，如能搞清其中的原理，对飞行器进行仿生设计，远程飞机的空中加油就会变得很简单。

根据苍蝇楫翅的导航原理，科学家们研制成功了一种新型振动陀螺仪。它的主要部件像把音叉，是通过一根中柱固定在基座上的。装在音叉两臂四周的电磁铁使音叉产生固定振幅和频率的振动，就像苍蝇振翅的振动那样。当飞机、舰艇或火箭偏离正确航向时，音叉基座和中柱会发生旋转，中柱上的弹性杆就会将这一振动转变成一定的电信号，传给转向舵，于是，航向便被纠正了。由于这种振动陀螺仪没有高速旋转的转子，因而体积很小，可以装在一只茶杯里，但准确性却相当于比它大5倍的普通陀螺仪的准确性。

现在，科学家正对苍蝇的飞行技巧进行深入研究，例如，苍蝇是怎样实现急转弯的？如果搞清了其中的原理，应用在飞机上，当飞行时遇到前方的大山，来一个急转，就可以避免撞机事故的发生。

陀螺仪的妙用

陀螺仪器最早是用于航海导航，但随着科学技术的发展，它在航空和航天事业中也得到广泛的应用。陀螺仪器不仅可以作为指示仪表，而更重要的是它可以作为自动控制系统中的一个敏感元件，即可作为信号传感器。根据需要，陀螺仪器能提供准确的方位、水平、位置、速度和加速度等信号，以便驾驶员用自动导航仪来控制飞机、舰船或航天飞机等航行体按一定的航线飞行，而在导弹、卫星运载器或空间探测火箭等航行体的制导中，则直接利用这些信号完成航行体的姿态控制和轨道控制。作为稳定器，陀螺仪器能使列车在单轨上行驶，能减小船舶在风浪中的摇摆，能使安装在飞机或卫星上的照相机相对地面稳定等等。作为精密测试仪器，陀螺仪器能够为地面设施、矿山隧道、地下铁路、石油钻探以及导弹发射井等提供准确的方位基准。由此可见，陀螺仪器的应用范围是相当广泛的，它在现代化的国防建设和国民经济建设中均占重要的地位。

◆传统机械式陀螺仪

◆现代科技生产的振动陀螺仪

陀螺仪的发展历史

陀螺仪是测定飞机飞行姿态用的一种仪表，它是测量载体的方位或角速度的核心元件，由一个高速旋转的转子和保持转子的旋转轴能在空间自由转动的支承系统组成。主要利用惯性原理工作，具有定轴性与进动性这两个重要特性。

经典陀螺仪具有高速旋转的转子，能够不依赖任何外界信息而测出飞机等飞行器的运动姿态。现代陀螺仪的外延有所增大，已经推广到没有转

◆飞机上使用的陀螺仪

子而功能与经典陀螺仪相同的仪表上。

陀螺仪根据支承方式的不同可分为：由框架支承的框架陀螺仪，利用静电场支承的静电陀螺仪，利用液体或气体润滑膜支承的液浮或气浮陀螺仪，利用弹性装置支承的挠性陀螺仪；也可根据转子旋转轴的不同自由度分为单自由度和双自由度陀螺仪。1852 年，法国科学家傅科制作了一套能显示地球转动的仪器，命名为陀螺仪。1914 年陀螺仪开始作为惯性基准构成飞机的电动陀螺稳定装置。20 世纪 20 年代起，陀螺仪广泛应用于船舶、飞机的自动控制、导航系统。直到 20 世纪 50 年代，陀螺仪在构造原理上改进不大，测量精度不高。20 世纪 50 年代之后，随着静电悬浮、挠性支撑技术的出现，陀螺仪的构造得到很大改善，精度大为提高。

> 1975 年，激光陀螺仪研制成功，它可靠性高，不受重力加速度的影响，在飞机的惯性导航中得到广泛应用。

原 理 介 绍

陀螺仪的原理

陀螺仪的原理就是，一个旋转物体的旋转轴所指的方向在不受外力影响时，是不会改变的。人们根据这个道理，用它来保持方向，制造出来的仪器就叫陀螺仪。我们骑自行车其实也是利用了这个原理，轮子转得越快车子越不容易倒，因为车轴有一股保持水平的力量。

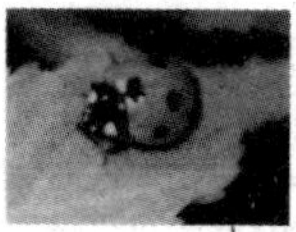

昆虫的"复眼"
——蝇眼透镜

苍蝇非常肮脏，身上携带多种病菌，是多种疾病的传播者。人们很讨厌它，以前一直把它列为"四害"之一。然而，它的某些器官却有十分特殊的功能，而且科学家从苍蝇身上受到启发，为人类作出了重要的发明创造。

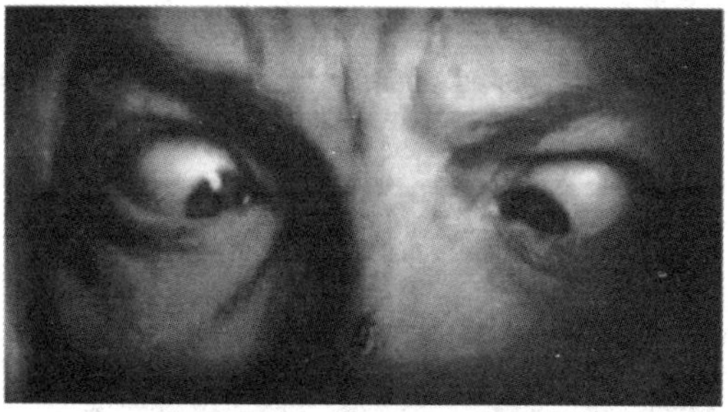

◆看看苍蝇有多少眼

神奇的蝇眼

你见过红头大苍蝇吗？它的"红头"并不是头，而是眼睛。苍蝇的眼睛很大，占据了头的大部分。想象一下，如果人的眼睛占了头的大部分，那该是什么样子呢？

仔细观察苍蝇的眼睛，可以看到它眼睛中有细细的网，还闪着五颜六色的光泽。如果把它的眼睛放在显微镜下，还会看到一个奇迹：大眼睛变成了数不清的小眼睛！在阳光下，这些小眼睛变换着色彩，如同奇妙的万花筒。

◆苍蝇的眼睛很大呀

知识窗

昆虫的复眼

苍蝇的这种眼睛叫做“复眼”。不仅苍蝇长有复眼，所有的昆虫以及虾、蟹等节肢动物，都长有复眼。除了两个大复眼外，昆虫还长有单眼。单眼在复眼的上方，它只能感觉光线的强弱，不是真正的眼睛，复眼才是昆虫真正的眼睛。不同的昆虫，复眼中小眼的数目各不相同：苍蝇的复眼约有4000多只小眼；甲虫的复眼约有9000只小眼；蝴蝶的复眼约有17000只小眼，而蚂蚁和蚊子的复眼仅有50只小眼。

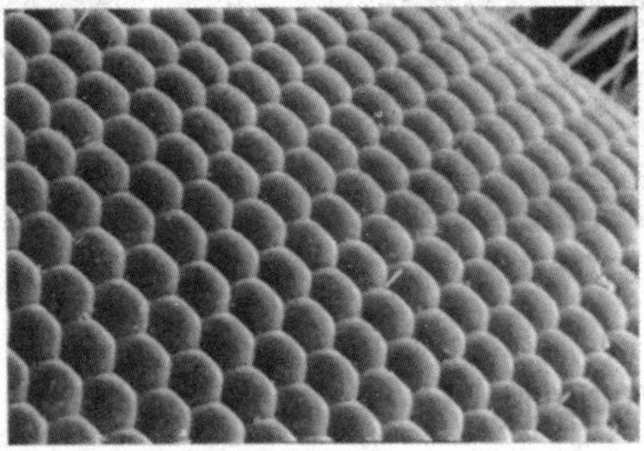

◆每个复眼都是六边形的

◆复眼照相机镜头

这是怎么回事呢？原来，苍蝇的大眼睛不是一个单个的眼睛，而是由许许多多的小眼组成的。这些小眼一个挨一个，密密麻麻地排列在一起，就像向日葵的花盘。小眼的形状是六边形的，组合起来后形成一个蜂窝状的半球。每个小眼中都有一个小小的锥形的晶状体，在尖端处有8个长形的视觉细胞，这些视觉细胞连接神经，通向大脑。每个小眼都能独立看东西。但是，小眼实在太小了，它们只能看到物体的一小部分。把所有小眼睛看到的部分，像拼图似地拼在一起，才能拼成一幅完整的图像。

受到昆虫复眼的启发，人们把许多小透镜粘在一起，做成了一种复眼透镜。每个小透镜都能独立成像。因此，复眼透镜可使一个物体形成许多像，小透镜越多，形成的像也越多。把复眼透镜安装在照相机上，就做成了复眼照相机。用复眼照相机拍照，一次就能拍出1000多张一模一样的相片。将复眼照相机用于邮票印刷，照一次相制一块版，就可以出几百张邮票；而过去用普通照相机，需要一张一张地拍摄几百次，麻烦得很。复眼照相机的分辨率非常高。如果在 1 厘米的直线上，划上 4000 条细线，即使眼睛最好的人也别想看清，更别说数清 4000 条细线了。而复眼照相机就做得到，它能把 4000 条细线一根一根分得一清二楚！很多现代电器，如：电脑、电视、收录机等，都离不开集成电路，集成电路密密麻麻，非常精细，它的复制也是在复眼照相机的帮助下完成的。有的昆虫长有重叠式复眼，模仿这种复眼，科学家发明出重叠式复眼透镜，把它装在照相机上，可以直接拍出立体照片呢！

广角镜：蝇眼有许多令人惊异的功能

如果人的头部不动，眼睛能看到的范围不会超过 180 度，身体背后的东西看不到。可是，苍蝇的眼睛能看到 350 度，差不多可以看一圈，只差后脑勺边很窄的一细条看不见。

人眼只能看到可见光，而蝇眼却能看到人眼看不见的紫外光。要看快速运动的物体，人眼就更比不上蝇眼了。一般说来，人眼要用 0.05 秒才能看清楚物体的轮廓，而蝇眼只要 0.01 秒就行了。

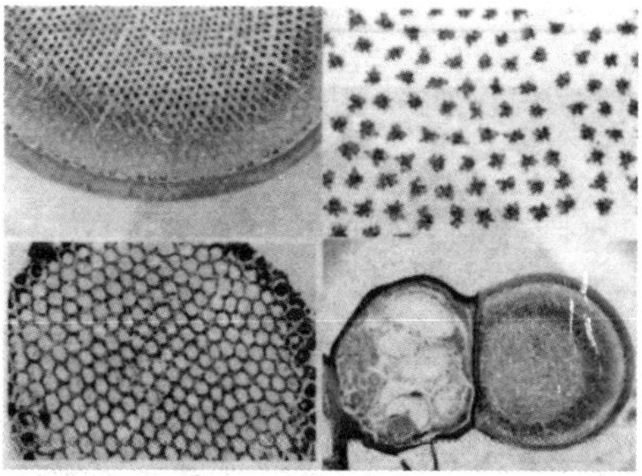

◆布鲁德X蝉复眼解剖照片，显微镜底下复眼结构一览无遗

蝇眼还是一个天然测速仪，能随时测出自己的飞行速度，因此能够在快速飞行中追踪目标。根据这种原理，目前人们研制出了测量飞机相对于地面速度的电子仪器，叫做“飞机地速指示器”，并已在飞机上试用。这种仪器的构造，简单说来就是：在机身上安装两个互成一定角度的光电接收器（或在机头、机尾各装一个光电接收器），依次接收地面上同一点的光信号。根据两个接收器收到信号的时间差，并测量当时的飞行高度，再经过电子计算机计算，即可在仪表上指示出飞机相对于地面的飞行速度了。

苍蝇复眼与太阳能电池板

一种生活在4500万年前的苍蝇的眼睛引起科学家新的设想：应用苍蝇复眼原理改进太阳能电池板。理由是这种苍蝇眼睛表面的皱折方式能减少反射，能使太阳能电池板捕捉住即使从很倾斜的角度射来的光线。

原理介绍

复眼太阳能电池板

当太阳到达地平线上方时，这种太阳能电池板的工作效率几乎与烈日当空时一样。专家们认为，这种模仿苍蝇复眼的太阳能电池板一旦面世，就有可能免除使用昂贵而又麻烦的现在用于随着太阳移动而跟踪瞄准太阳的太阳能电池板追踪系统，而且成本大幅度下降，效率提高20%以上。

◆不久的将来，太阳能电池板可能因复眼技术而改变

这个主意来自安德鲁帕克，悉尼的澳大利亚博物馆的一位动物学家。在参观波兰华沙的地球博物馆时，他注意到封存在始新世时期琥珀内的长足虻科的苍蝇的电子显微图。原来，在组成苍蝇复眼的多个小眼的表面上，存在一系列平行的1.45×10^{-7}米高、2.40×10^{-7}米间距的脊线组成的格栅。帕克猜测，这种苍蝇眼睛的神奇结构可以捕捉住与垂直方向成超过72度角射进的光线。测量结果表明：脊线间的距离大约是光波波长的一半，这就大大减少了反射光的量。帕克认为，这种脊线可能是苍蝇为了夜间更好地看见物体带来的进化产物。由光子学专家罗伊·桑伯里斯领导的埃克塞特大学的研究人员，通过在光敏乳胶胶卷上刻制出同样的格栅，已证实了帕克的推测。他们用不同波长的激光束从不同的角度照射这种材料，并测量有多少光被反射出来。

帕克称他们已获得了一个真正高效的全方位抗反射器。由于有了这些成果，悉尼理工大学的材料科学家杰夫史密斯和他的同事们，已计算出仿效这种苍蝇眼的模式设计的太阳能电池板，在一天之内可增加电能20%。

广角镜：蜜蜂复眼的妙用

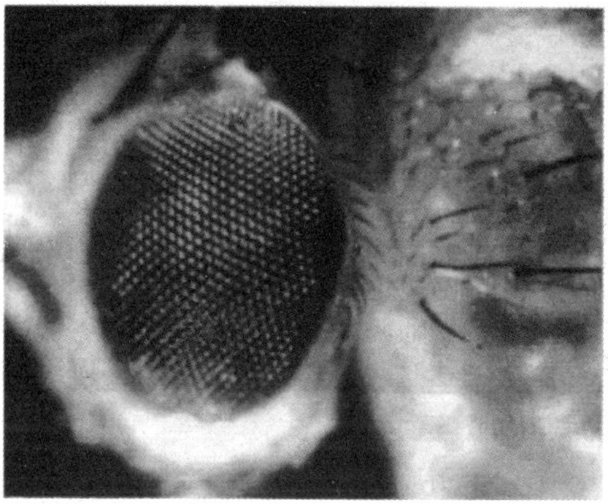
◆蜜蜂复眼

一只蜜蜂的眼睛约由5000个小眼组成，每一个小眼都有一套集光系统和感光系统。每个集光系统都可以形成一个像，而只有与小眼轴线平行的光线才能达到视觉柱，也就是说每个视觉柱只能接受物体的一个光点，众多被感受的光点形成了“镶嵌图像”，正如许多明暗不同的光点组成电视荧光屏上的图像一样。小眼数目越多，小眼面积越小，感受的光点越密，图像则越清晰。蜜蜂除一对复眼外还有3个单眼，与一对复眼形成三角排列，来感受光度变化、光源方向，构成粗略图像。

蜜蜂的感觉器官甚为发达，视觉器即为单眼及复眼，对光的感觉与人类视觉不同，蜜蜂只能分辨黄、青、蓝及紫外线4种颜色，无法区别橙、黄、绿3色，蜜蜂是红色盲，它这种辨别光线能力和自然界花朵颜色相适应，蜜蜂复眼尚能辨识偏光，故当太阳被云或其他物体遮住时，只要能看到一角蓝天，便能由反射的偏光而知太阳的方位。靠着复眼能准确地回到蜂巢。依照蜜蜂复眼的结构特性和原理制成的偏光天文罗盘，能协助在海上航行的船只，不管是太阳尚未升起的黎明，还是乌云密布的黄昏都不会迷失方向。

来自萤火虫的启发——人工冷光

◆美丽的萤火虫

当你在夏天的晚上，在树林里、草原上、花园里或小溪旁看到萤火虫像一盏盏小灯笼似地在眼前晃过去时，你一定会高兴地叫起来，“啊！萤火虫！”萤火虫怎样发光？发光的用意是什么？这些都是大家感兴趣的问题。下面就带你一同去见识一下萤火虫和人工冷光技术吧。

萤火虫是怎样发光的？

◆萤火虫后腹部发光

萤火虫的发光器官，生长在腹部的第六节和第七节之间；从外表看只是层银灰色的透明薄膜，如果把这层薄膜揭开在放大镜下观察，便可见到数以千计的发光细胞，再下面是反光层，在发光细胞周围密布着小气管和密密麻麻的纤细神经分支。发光细胞中的主要物质是荧光素和荧光酶。当萤火虫开始活动时，呼吸加快，体内吸进大量氧气，氧气通过小气管进入发光细胞，荧光素在细胞内与起着催化剂作用的荧光酶互相作用时，荧光素就会活化，产生生物氧化反

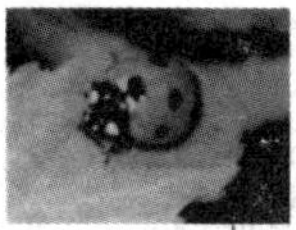

应，导致萤火虫的腹下发出光亮来。又由于萤火虫不同的呼吸节律，便形成时明时暗的“闪光信号”。人们经过研究，把其发光的过程，列一公式：

$$\text{荧光素}+\text{氧气}\xrightarrow{\text{荧光酶作用}}\text{发出荧光}$$

萤火虫体内的荧光素并不是用之不竭的，那么它们不断地多次发光，能量又是从何而来的呢？

原来能量来自三磷酸腺苷（简称 ATP），它是一切生物体内供应能源的物质。萤火虫体内有了这种能源，不但能不间断地发光，而且亮度也较强。只有发光结构还不能发光，还要有脑神经系统调节支配。如果做个实验，将萤火虫的头部切除，发光的机制也就失去作用。萤火虫发光的效率非常高，几乎能将化学能全部转化为可见光，为现代电光源效率的几倍到几十倍。

从萤光虫到人工冷光

自从人类发明了电灯，生活变得方便、丰富多了。但电灯只能将电能的很少一部分转变成可见光，其余大部分都以热能的形式浪费掉了，而且电灯的热射线有害于人眼。那么，有没有只发光不发热的光源呢？

人类又把目光投向了大自然。在自然界中，有许多生物都能发光，如细菌、真菌、蠕虫、软体动物、甲壳动物、昆虫和鱼类等，而且这些生物发出的光都不产生热，所以又被称为“冷光”。

在众多的发光动物中，萤火虫是其中的一类。萤火虫约有 1500 种，它们发出的冷光的颜色有黄绿色、橙色，光的亮度也各不相同。萤火虫发出冷光不仅

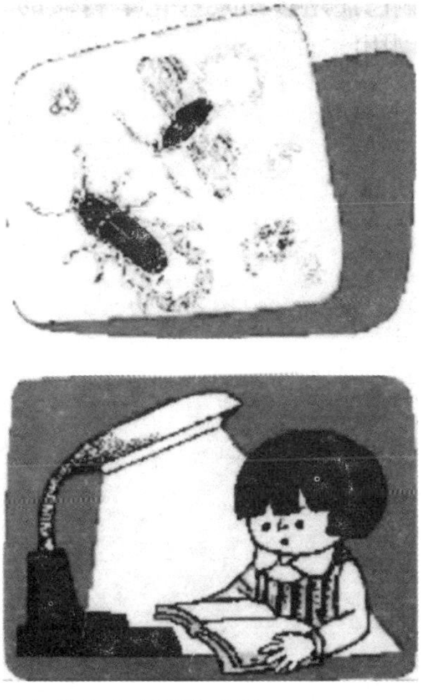

◆从萤火虫得到的启发

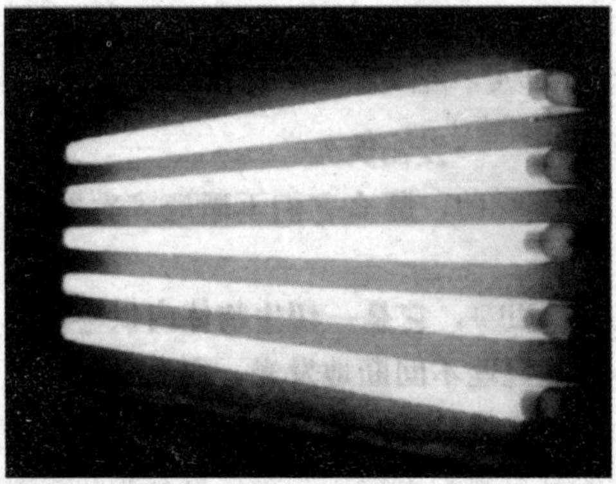
◆日光灯

具有很高的发光效率，而且发出的冷光一般都很柔和，很适合人类的眼睛，光的强度也比较高。因此，生物光是一种人类理想的光。

早在20世纪40年代，人们根据对萤火虫的研究，创造了日光灯，使人类的照明光源发生了很大变化。近年来，科学家先是从萤火虫的发光器中分离出了纯荧光素，后来又分离出了荧光酶，接着，又用化学方法人工合成了荧光素。由荧光素、荧光酶、ATP（三磷酸腺苷）和水混合而成的生物光源，可在充满爆炸性瓦斯的矿井中当闪光灯。由于这种光没有电源，不会产生磁场，因而可以在生物光源的照明下，做清除磁性水雷等工作。现在，人们已能用掺和某些化学物质的方法得到类似生物光的冷光，作为安全照明用。

昆虫的颜色——军事伪装装备

每一种动物都有一套保护自己生命的方法或本能，例如：羚羊、梅花鹿跑得非常快，斑鸠、燕子飞得高，狗熊、老虎有利爪、锐齿，乌龟有硬壳，蟾蜍有毒液等等，这些不同的防卫方法使它们得以逃避敌人的捕食，保护自己性命。可是，你想过没有？那些跑得不快，飞得不高，没有毒，又不会咬人的昆虫，它们究竟是如何来保护自己？躲过天敌的捕食呢？很多人马上就会联想到，许多昆虫有很好的保护色、警戒色、拟态等等的伪装技巧，在自然环境中让天敌找不到或是不敢吃它们。

伪装术——昆虫的生存法宝

昆虫在自然界中处于食物链的末端。它们大多以食草为生，既无凶猛的牙齿和脚爪御敌，也少有灵活机动的逃跑方式。为了保持“种族”的繁衍，在千万年的进化过程中，昆虫们发育出各种令人叹为观止的神奇伪装术，以适应环境、隐藏自己，减少天敌的掠食。常见的昆虫伪装术分类如下：

◆这只纺织娘翅膀上的花纹和它藏身处树叶上的茎脉一模一样

【保护色】

最常见的昆虫伪装术就是“保护色”了，这类昆虫身上或翅膀上的颜色或花纹与周围环境非常相近，它停留的时候，很难发现它的存在，例如：某种尺蠖蛾全身都是绿色的，当它白天不活动，休息在植物的叶子上，在绿叶丛中，并不容易找到它；另一种名为黑腰尺蛾，全身黑灰色，停留在煤烟污染的墙壁或树干上，就好像施了隐身术一样。这样的例子在蛾类中是屡见不鲜的，因为它们多为夜行性的动物，白天不活动，因此必须借着保护色来隐藏自己的行踪。另外，在蝴蝶中一些不访花吸蜜却吸食树液腐果的种类，如蛇目蝶或某些蛱蝶，它们活动于阴暗的森林中，身体的颜色多半为黑褐色，停留在枯叶落叶间的时候，几乎不容易被发现。

【拟态树枝、树叶】

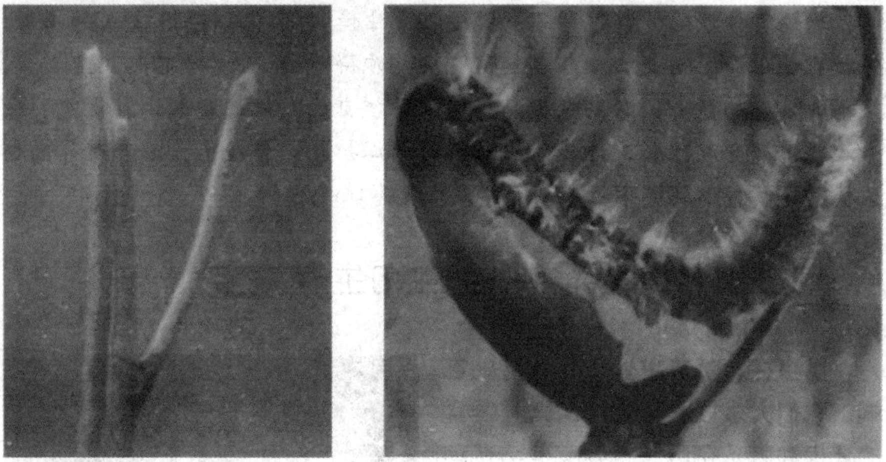

◆长得像树枝的“尺蠖”（左图），枯叶蛾（右图）

在野外最常见到像树枝的昆虫就是“尺蠖”，它们是尺蠖蛾的幼虫，因为身体中间部位并没有伪足，所以行走的时候不像一般的毛毛虫，而是一拱一拱的，如同人类以手当尺作为临时丈量长度的样子，“尺蠖”之名因此而来，当它不动的时候，硬梆梆的一根，外形和颜色与旁边的树枝几乎一模一样；另一种吃夹竹桃的尺蠖，不动的时候，就像一根突出的绿色枝条！其他会模拟树枝的昆虫还有一些凤蝶的蛹、象鼻虫，甚至有些螳螂的外形也类似树枝，用以掩藏自己，捕食一些大意的小昆虫。螽斯，它的外形颜色和绿叶一模一样，在绿叶丛中你能发现到它吗？它是属于直翅目的一员，夜间会发出嘹亮的声音，又称为“纺织娘”，多半以植物的叶子为食。其他像树叶的昆虫还有枯叶夜蛾、青枯叶蛾等等。

【拟态鸟粪】

很多人的家里都养过小鸟，可是你是否仔细观察过鸟粪呢？一般正常的鸟粪（是指健康没有拉肚子的鸟粪），大多是一团黏糊状，一半黑，一半白，黑色部分还有一些白色丝状物。一种黑白色的夜蛾，不像普通的蛾类白天停留在树叶下或枝干间，而是大大方方地停留在叶面上，外形看起来极像干扁的鸟粪。此外，一些美丽的凤蝶，例如黄边凤蝶、玉带凤蝶，在它们早期的幼虫阶段，多半是黑白相间的颜色，停留在叶面上；老熟的幼虫变成绿色，就躲到枝干上，吃东西的时候才爬到叶子上。

◆无尾白纹凤蝶二龄幼虫拟态鸟粪

【伪装有毒昆虫】

并非所有的昆虫都是鸟类、青蛙、蜥蜴的捕食对象，有些有毒昆虫还会让这些食虫动物畏惧三分呢！这些所谓的"有毒昆虫"有的体内含有毒素、怪味，天敌不敢吃它，例如：斑蝶的幼虫；有的具有毒的刺毛，例如：毒蛾、刺蛾的幼虫；或者身上有毒腺，会咬人、螫人，例如：胡蜂、蜜蜂、蚂蚁，它们不但对那些食虫动物造成威胁，对人类也会造成危害呢！有些没有毒的昆虫，它们的外形、颜色长得与有毒昆虫十分相近，借着这种方式，来混淆天敌的判断，而得以逃避被捕食的命运。大家都知道虎头蜂、蜜蜂、长脚蜂等蜂类都是很凶悍、会螫人的，它们的颜色多为黄色或橙色，并配上相间的黑色条纹，很鲜明的警告色；一些白天飞行和蝴蝶一

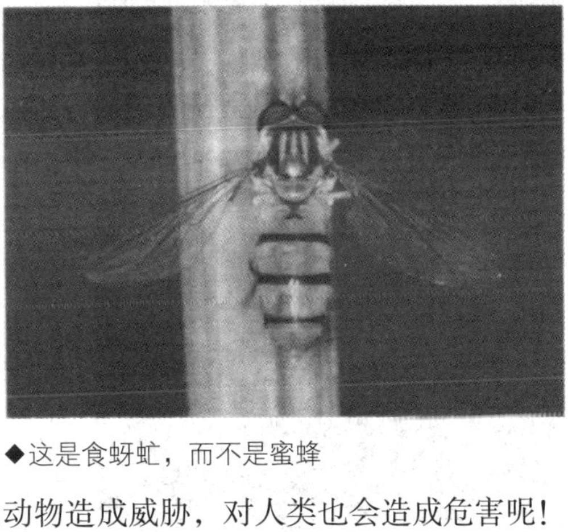

◆这是食蚜虻，而不是蜜蜂

样在白天访花吸蜜、交配产卵的蛾类，它们的外形颜色也是黑黄相间，与蜂类相似，这样就有利于其生存。

一些双翅目的昆虫，例如：花虻和食蚜虻，外形则与蜜蜂相似，如此可便于在访花吸蜜的时候避免被天敌捕杀。

由昆虫带来的启发——迷彩服

◆高科技迷彩服：你能看到狙击手吗？

◆野战迷彩服

迷彩服是训练服的一种基本类型，由绿、黄、茶、黑等颜色组成不规则图案的一种新式保护色。迷彩服要求它的反射光波与周围景物反射的光波大致相同，不仅能迷惑敌人的目力侦察，还能对付红外侦察，使敌人现代化侦查仪器难以捕捉目标。

迷彩服最早是作为伪装服出现的，希特勒的军队在第二次世界大战末期首先使用了迷彩服，为“三色迷彩服”。后来，以美国为首的一些国家装备了“四色迷彩服”。现在世界通用的是“六色迷彩服”。现代迷彩服还可根据不同需要，用上述基本色彩变化出多种图案。同时，其表面经过特殊处理后，还具有夜间防红外线侦察的功能，具有式样美观、穿着舒适、结构合理、安全实用的特点。日本最新研制的迷彩服有春、夏和秋季通用类，采取细线条四色迷彩、两种色调，分别采用与季节的环境植物红外辐射相等的布料，提高了对红外线、紫外线等夜间侦查的防护，增加了保暖、透湿、防水的特性。冬用迷彩服则在秋季迷彩服的表面套上紫外线反射率与雪相等的单层布料制作的

◆各种不同的迷彩服

白色罩衫，里面配有木棉汗衫、毛衣和棉衣，增加了吸湿、保暖功能，即使在-30℃度气候条件下也可以发挥“防水御寒”的超高性能，可起到良好的避水、防风效能。为了提高迷彩的通用性，美军专门为其训练服研制了一种布料两面印染多种颜色的工艺，一面印有标准森林陆地图案，另一面印有三色沙漠图案。与此同时，美军还为其防化服研制了专门的迷彩图案。中国人民解放军迷彩训战服分夏季和冬季两类，色彩夏季为林地型四色迷彩图案，冬季为荒漠草原色，三军通用。

制胜法宝——军事伪装装备

◆给飞机穿上“绿装”

军事伪装，就是采取相应的有效伪装措施，隐蔽自己的位置、隐藏自己的实力或主力，骗过敌人的侦察技术和手段，避免敌人准确侦查和打击或降低其识别定位的精确度，从而达到打击失效或达不到预期效果。

冷兵器时代，军事伪装主要靠自然条件，如植物、气象等，虽然伪装简单，但由于侦察条件同样有限，所以非常有效。

到了热兵器时代，武器的杀伤力和破坏力大大加强，侦察手段也随着科学技术的发展而增强，但正如矛与盾一样，侦察技术的增强刺激了伪装技术的极大发展。第二次世界大战时，英国本土遭受德国空军的狂轰滥炸，为了保护空军实力，英国在所有军用机场附近都设置了假机场，里面用木头和纸制作的假飞机几乎可以以假乱真，诱使德国空军把成千上万吨炸弹投到了这些假目标上，不仅使英国空军避免了更加严重的损失，而且浪费了德国的人力物力。同样，在二战后期，德国在汉堡附近的一个飞机制造厂设置了大面积的伪装网，使其与当地的自然环境完全融合，成功地躲过了盟军的空袭。

万 花 筒

古代战争的伪装术

《三国演义》中有许多这样的范例，比如草船借箭主要以气象条件为依托，设置稻草人和噪音，使得曹操不敢轻易出战，只用乱箭，让诸葛亮白拣了10万利箭。在怪树滩诸葛亮依靠植物，让司马懿疑神疑鬼，心生畏惧，匆忙撤兵逃跑。

◆用树叶伪装的狙击手

军事伪装科学，相应的伪装理论、伪装技术、伪装工程也日臻完善。伪装技术包括“隐真”和“示假”两个方面。军事伪装工程装备主要有伪装网、伪装涂料、假目标、伪装烟幕、单兵伪装器材等，它们相辅相成，构成了现代军事伪装工程中隐真示假的物质基础。

现代伪装技术基本可以分为：天然伪装、植物伪装、迷彩伪装、人工遮障伪装、假目标伪装、烟幕伪装、灯火伪装、音响伪装、电子伪装等。

植物伪装——就是利用植物的枝叶，使自身与自然环境融为一体，达到在视觉上伪装自己的目的；也属天然伪装，但实施对象主要是人体或小型物体。

迷彩伪装——利用迷彩服或者迷彩涂料，使战斗员、车辆、舰艇、飞机等与自然背景融合，难以发现，同时减少自身明显的棱角在视觉上被发现的概率。

◆伪装军事设备

在地面作战中，迷彩主要用于对付地面侦察；在防空袭作战中，迷彩主要用于对付太空和航空侦察。大量利用涂料、染料和其他新型材料，改变重要目标的背景颜色和图案，增加敌识别目标的难度。

人工遮障伪装——利用制式器材、自制器材和就便材料对重要目标进行有效遮障，达到在视觉上、雷达上、红外上的伪装隐蔽，妨碍敌方侦察和干扰末制导武器攻击目标。

◆中国生产的仿真军用卡车假目标

◆烟幕伪装

假目标伪装——据有关研究得知，为一个真目标设置一个假目标，使假目标具备真目标的有关特征，使敌方真假难辨，从而使空袭效果大打折扣，一般可使真目标毁伤概率降低50%。在反空袭作战中，大量制作假目标，积极主动示假，迷惑敌人，将敌人的空袭目标引向设置的假目标，造成敌人大量物资弹药的消耗。也可在敌方空袭后，在被毁设备及部分假目标上用废旧轮胎、煤油桶、柴草垛等制造强烈、逼真的燃烧效果，使敌人在空袭后分析判断中作出我方目标已被摧毁的错误评估，使重要目标免遭敌人的再次打击，从而增强重要目标的战场生存力。

烟幕伪装——就是战斗员、车辆、舰艇、飞机等释放烟幕，干扰敌方的光学侦察，便于己方战术机动。

美英联军对伊拉克战争中，由于沙尘暴的影响和作用、油井燃烧后的大量烟雾弥漫，使得美军的导弹不断偏离目标，严重影响了空袭效果，使伊拉克在美英联军的地毯式轰炸中保存了一大批重要的军事、经济目标。在反空袭作战中，可广泛使用制式或自制发烟罐，对重要目标和人员、装备机动进行烟雾遮障，迷盲敌人，使敌方高技术侦察设备和精确制导武器难以发挥作用。

◆电子伪装

◆雷达探测不到的隐形飞机

电子伪装——雷达技术和红外探测技术的出现，使得部分人产生了错觉，认为有了雷达和红外探测，任何的伪装技术都无所遁形。其实不然，雷达技术和红外探测技术也有其局限性，比如利用龙伯透镜反射器（根据雷达依赖雷达回波来发现和确认目标的原理，将大量的雷达波平行反射回去，达到干扰雷达的目的）可以吸引敌方的雷达的“注意力”，使其“判断”失误。利用金属箔条可以使雷达失去跟踪和捕获的能力。至于红外探测，可以利用热目标模拟器，模拟飞机、坦克、军舰等军事目标的红外特征，使红外探测设备和红外制导武器失效。

点击：精妙的电子伪装

在越战中，越南北方的SA2防空导弹阵地在受到美空军的反辐射导弹打击以后，利用反辐射导弹的不足研究出对付反辐射导弹的方法，利用多部模拟雷达波的发射器来吸引美军的反辐射导弹，这样做虽然还有一定的危险，但是美军的反辐射导弹对真实目标的命中率是大大降低了。到了现在，美军的爱国者导弹阵地使用的电子伪装方法更为精妙，利用不同位置的多部发射机的模拟雷达波，合成一个新的雷达波束，如果敌方的反辐射利用这个雷达波束来攻击，则这个导弹将飞向合成雷达波束的投影点，而不是任何一部发射机，从而达到保护雷达的目的。

在海湾战争持续38天的空袭中，伊拉克军队仍然有70%的坦克、65%的装甲车、65%的大炮没有被美军摧毁。这主要得益于伊拉克运用一定的高技术手段，对武器装备和军事设施进行了严密的伪装。在战前，伊拉克进口了几十万平方米性能先进的反雷达、反红外探测伪装网，对重要军事设施进行遮蔽，并在目标上方或附近修建其他掩护性建筑物，以掩护真目标。

蝴蝶翅膀的启示——散热系统

亲爱的读者，你一定已从前述了解到昆虫在仿生学上的非凡贡献和远大前途。在充满着神秘色彩的昆虫王国，还有许多昆虫尚待我们人类去开发和利用。各种昆虫独特的结构和功能，特殊的生活方式，在仿生学上都有着尚待探索的奥秘。

◆来源于蝴蝶翅膀的灵感

蝴蝶的翅膀上为什么长有鳞粉?

◆蝴蝶翅膀鳞粉具有光子晶体结构

蝴蝶翅膀可以给予我们一定的启示和帮助。所有的冷血动物都是保持其体内的热转换来维持生命的。蝴蝶在温暖的阳光下时，它的翅膀的构造会辨别其摄入的不同热量。人们用手去抓蝴蝶时，手指就会沾上白色粉末。蝴蝶翅膀上的鳞粉其实是蝴蝶体毛的变形。它们长得纤细而又千姿百态，有扇形的，有箭形的；有透明的，有半透明的。每一颗鳞片上都含有多种色素颗粒。在显微镜下可以观察到，粉末是由100微米长的扁平的囊状物组成。囊状物由无数对称的角质层构成，角质层是生物体外骨骼，由几丁质组成，其表面并不光洁。阳光照在蝴蝶翅膀上后立即被均匀分散，是因为受到了角质层的反射作用，这就是为何人们看到蝴蝶翅膀总是闪闪发光的原因。蝴蝶利用翅膀散热来调节体温、联络、求偶和伪装。

在你长时间使用电脑后，如果电脑芯片能迅速冷却下来的话，得感谢蝴蝶翅膀的帮助，当然这并不意味着在你的电脑机箱内，有一只蝴蝶正对着芯片大扇其翅膀，而是研究设计人员从自然野生的翅膀中得到了启发。科学家对凤蝶、粉蝶进行了专门的研究，他们想利用几百万年来蝴蝶翅膀进化出来的绝妙散热功能，研制出在长时间运作的状态下能保持恒温的电脑芯片。

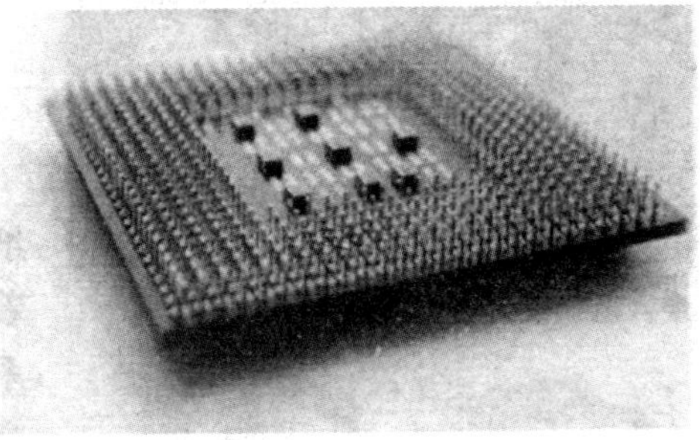

◆越来越小的电脑芯片

电脑芯片的发展趋势是运行质量高、容量大，厚度却越来越薄，所以芯片的有效散热性能就变得特别重要。科学家说，先进的半导体是内部构造复杂化和外形小型化的统一。这牵涉到许多急需解决的热转换问题。当芯片变薄时，热转换效应就无法预测了，而且传统的热转换方式，如散热片和风扇也会失去效果。研究人员模拟蝴蝶翅膀的结构和功能，希望尽快研制出能使电脑芯片持续均匀散热的理想的散热装置，并推广应用到其他的高科技领域。

广角镜：蝴蝶和卫星控温系统

遨游太空的人造卫星，当受到阳光强烈辐射时，卫星温度会高达2000℃；而在阴影区域，卫星温度会下降至-200℃左右，这很容易损坏卫星上的精密仪器仪表，它一度曾使航天科学家伤透了脑筋。后来，人们从蝴蝶身上受到启迪。原来，蝴蝶身体表面生长着一层细小的鳞片，这些鳞片有调节体温的作用。每当气温上升、阳光直射时，鳞片自动张开，以减少阳光的辐射角度，从而减少对阳光热能的吸收；当外界气温下降时，鳞片自动闭合，紧贴体表，让阳光直射鳞片，从而把体温控制在正常范围之内。科学家经过研究，为人造地球卫星设计了一种犹如蝴蝶鳞片般的控温系统。

◆人造卫星

蝴蝶翅膀与防伪纸币

在一般人看来，蝴蝶翅膀与防伪纸币或防伪信用卡本是南辕北辙互不着边的两个事物，根本没有什么联系，可是，只要你耐心读下去，你就会明白这其中确有某些因缘，而且，你还会看到仿生学这个学科的又一个妙用。

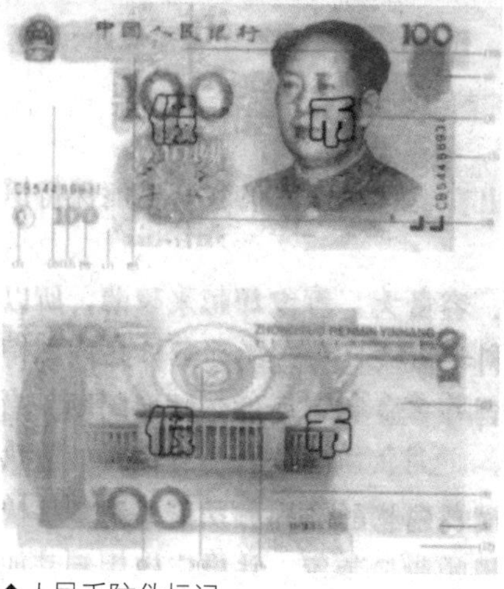

◆人民币防伪标记

发表在英国《自然》杂志上的关于一种生活在印度尼西亚的蝴蝶翅膀的颜色的形成问题的报告，不仅向我们展示了大自然的奥妙，也为我们研制更新的、坏人再也无法伪造的防伪纸币打开了一条仿生学的思路。

英国埃克塞特大学薄膜光子实验室的物理学家乌维西克和另外两名同事，由于一个偶然的机遇，在几年前开始研究一种名叫大凤蝶的蝴蝶翅膀，这个蝴蝶的翅膀颜色本来是有黄有蓝，但是在人眼里就成为闪闪发光的绿色。他们用显微镜观察大凤蝶翅膀发现，蝴蝶翅膀上竟然布满了下凹的小坑，这些小坑太小，尺寸只有大约万分之四厘米，小坑底是黄色，而坑的斜坡是蓝色的。

◆大凤蝶

换了常人，发现这些奥妙，大概

也无非是击掌赞叹造化的神奇，别的就不再做什么了。然而乌维西克等人却想到假币。他们目前正在研究如何仿照大凤蝶翅膀的结构，在纸币或信用卡上也布满小坑，这样无论制造伪钞者将假币印制得在外表上多么与真币相似，但他们绝没有技术也在假币上布满分布和大小都与真币一样的小坑，只要用专门的光学设备发出极化光一照，看看反射光的极化方向，就会真假立现，我们辛辛苦苦挣来的钱也就不会被骗子以假乱真骗走了。你看，蝴蝶翅膀与防伪纸币有没有关系？

广角镜：蝴蝶翅膀启示高效太阳能电池开发

有研究发现，蝴蝶翅膀上有类似微型太阳能收集器的斑点，这一发现促使中国和日本的科学家着手研制一种更有效的太阳能电池，这种电池可用于家用、商用供电或未来其他用途。

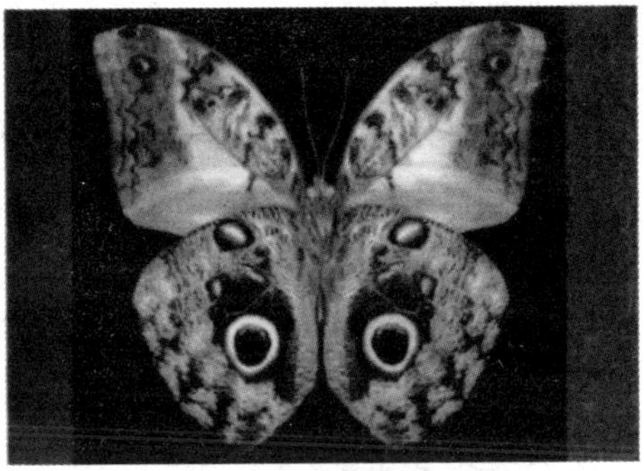
◆蝴蝶翅膀上的斑点

在这项研究中，科学家们正在寻找新的材料，提高被称为太阳能电池的捕光性能，这种电池在所有太阳能电池中具有最高的光电转化率（比一般电池高出10%）。

研究者通过研究蝴蝶翅膀上微型太阳能斑来改进他们的装置，通过使用蝴蝶的翅膀作为模型，他们复制这种太阳能收集器并且把这种装置转移到了电池上。实验证明，蝴蝶翅膀上的太阳能吸收器比传统的电池的效率要高得多。这种制作过程比其他方法简单快速，并且可以用来制造其他有价值的商用设备。

恶臭的高温液体“炮弹”——军事武器

模仿动物的功能已经为人类制造出了许多很有意思的东西。从蝙蝠身上发明了雷达；从青蛙身上发明了电子蛙眼；五彩的蝴蝶美丽无比，科学家通过对蝴蝶色彩的研究，为军事防御带来了极大的裨益。那么，从甲虫身上我们能学到什么呢？爱放屁的屁步甲虫也是科学家的研究对象，让我们一同去看看在这种甲虫身上能得到什么启发吧。

放屁有理——屁步甲虫的“炮弹”

◆屁步甲

屁步甲虫自卫时，可喷射出具有恶臭的高温液体“炮弹”，以迷惑、刺激和惊吓敌害。科学家将其解剖后发现甲虫体内有 3 个小室，分别储有二元酚溶液、双氧水和生物酶。二元酚和双氧水流到第三小室与生物酶混合发生化学反应，瞬间就成为 100℃的毒液，并迅速射出。

这种原理目前已应用于军事技术中。第二次世界大战期间，德国纳粹为了战争的需要，据此机理制造出了一种功率极大且性能安全可靠的新型发动机，安装在飞航式导弹上，使之飞行速度加快，安全稳定，命中率提高，英国伦敦在受其轰炸时损失惨重。美国军事专家受甲虫喷射原理的启发研制出了先进的二元化武器。这种武器将两种或多种能产生毒剂的化学物质分装在两个隔开的容器中，炮弹发射后隔膜破裂，两种毒剂中间体在弹体飞行的 8 ~ 10 秒钟内混合并发生反应，在到达目标的瞬间生成致命的毒剂以杀伤敌人。这种武器易于生产、储存、运输，安全且不易失效。

庞大的步甲虫

步甲虫是鞘翅目肉食亚目步甲科的通称。世界已知约2.5万种，中国约800种以上。成虫体长1～60毫米，一般中等大小，色泽幽暗，多为黑色、褐色，常带金属光泽，少数色鲜艳，有黄色花斑，有不同形状的微细刻纹。

◆硕步甲

成虫不善飞翔，多在地表活动，行动敏捷，或在土中挖掘隧道，喜潮湿土壤或靠近水源的地方。白天一般隐藏于木下、落叶层中、树皮下、苔藓下或洞穴中；有趋光性和假死现象。在热带和亚热带地区，于植株上活动的种类较多。成虫、幼虫多以蚯蚓、钉螺、蜘蛛等小昆虫以及软体动物为食，有些种类只取食动物的排泄物和腐殖质。

步甲科种的分布极广，各类群间的分化比较明显，是研究动物地理的理想对象。此外，步甲虫大多为捕食性，在自然界生物平衡及消灭害虫方面起着一定作用。中国的金星步甲大量捕食鳞翅目幼虫，是黏虫等害虫的重要天敌。但另一方面，步甲虫也有可能成为危险的害虫，例如，在饲养柞蚕的地区，它们大量捕食柞蚕幼虫和蛹。

蜂类与仿生
——蜂巢给人的启示

随着仿生学的深入开展，人们不但从外形、功能去模仿生物，而且从生物奇特的结构中也得到不少启发。在“仿生制造”中不仅是模仿大自然外部结构，而且要学习与借鉴它们自身内部的组织方式与运行模式。这些为人类提供了“优良设计”的典范。

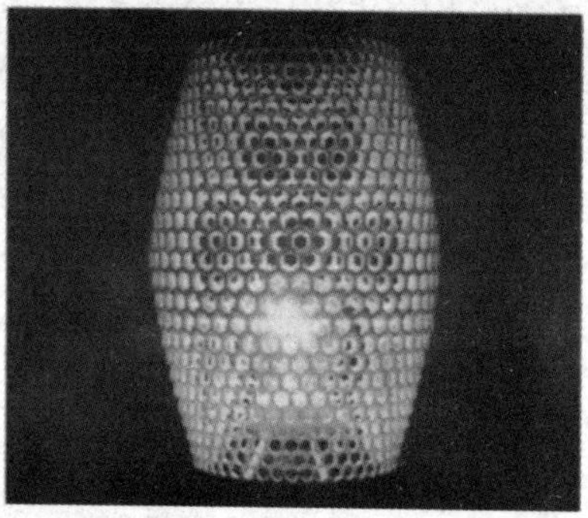

◆来源于蜂巢灵感的设计

蜜蜂的大智慧——蜂巢

◆蜂巢

蜂巢是蜂群生活和繁殖后代的处所，由巢脾构成。各巢脾在蜂巢内的空间相互平行悬挂，并与地面垂直，巢脾间距为7 ~ 10毫米，称为蜂路。每张巢脾由数千个巢房连结在一起组成，是工蜂用自身的蜡腺所分泌的蜂蜡修筑的。大、小六角形的巢房，分别为培育雄蜂和工蜂的，底面为3个菱形面。培育蜂王用的巢房，称为王台，形状似下垂的花生，是蜂群临时修筑的，多在巢脾下部和边角上。在雄蜂房和工蜂房之间，以及巢脾与巢框的连接处，出现有不规则的过渡型巢房，用于贮存蜂蜜和加固巢脾。

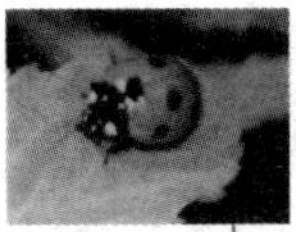

万花筒

蜂窝猜想

早在公元4世纪，数学家佩波斯提出：蜂窝的形状，是自然界最有效劳动的代表。他猜想蜜蜂采用最少量的蜂蜡建成的，他的这一猜想被称为“蜂窝猜想”。而后的事实证明，蜜蜂所建造的蜂巢的确采用了最少的蜂蜡，占有最大的空间面积。由此可见，六角形蜂巢结构是自然界的最佳选择，代表了最有效劳动的成果。

◆蜂巢结构结实，轻巧，坚固

自然界蜜蜂以其超然的智慧和辛勤的劳动构筑了无数形状优美的蜂巢。蜂巢由一个个排列整齐的六棱柱形小蜂房组成，每个小蜂房的底部由3个相同的菱形组成，这些结构与近代数学家精确计算出来的——菱形钝角109°28′，锐角70°32′完全相同，是最节省材料的结构，且容量大，极坚固，令许多专家赞叹不已。人们仿其构造用各种材料制成蜂巢式夹层结构板，强度大，重量轻，不易传导声和热，是建筑及制造航天飞机、宇宙飞船、人造卫星等的理想材料。

广角镜：美国发明免充气蜂巢轮胎

◆免充气轮胎

轮胎是一项非常伟大的发明，如果没有轮胎，而只是硬梆梆的轱辘，汽车也不会发展到今天。但是最近，一家美国公司却发明了一款无需充气的蜂巢轮胎。

它将原来的充气部分用蜂巢结构来代替，这样一来就可以起到与传统轮胎类似的减震作用了。最重要的是，有了这样的轮胎就再也不必担心爆胎了。非常适合野外行军使用。

来自自然的灵感——蜂窝复合材料

◆蜂窝板采用“蜂窝式夹层”结构

◆蜂巢结构折叠长凳

◆蜂窝纸板可以做成许多形状

受自然蜂巢的启迪，人类通过长期研究和分析自然蜂窝结构的特点，创造性地发明了各种蜂窝复合结构材料及其制品，它们有的用于新材料和新产品的研发，有的用来改善现有产品的特性，有的用于解决结构设计中面临的难题等等。

在应用材料领域，蜂窝复合材料类似于连续排列的工字钢结构，以其极佳的抗压、抗弯特性和超轻型结构特征而闻名于世。与同类型的实心材料相比，蜂窝材料其强度重量比和刚性重量比在已知材料中均是最高的。蜂窝结构板材具有许多优越的性能，从力学角度分析，封闭的六角等边蜂窝结构相比其他结构，能以最少的材料获得最大的受力，而蜂窝结构板受垂直于板面的载荷时，它的弯曲刚度与同材料、同厚度的实心板相差无几，甚至更高；但其重量却轻70%～90%，而且不易变形，不易开裂和断裂，并具有减震、隔音、隔热和极强的耐候性等优点。

高强度蜂窝纸板是近年来在欧美、日本和我国兴起的一种节省资源、保护生态环境、成本低廉的新型绿色环保包装材料，它具有轻、强、刚、稳四大优点，体现了一种全新的包装模式和观念。从体积上来讲，小如微型马达等电子产品，大至飞机发动机等大型机电产品；从重量而言，轻如几百克的蜂窝移动电话，大到几吨重的汽车零部件都可以采用蜂窝纸板包装。蜂窝纸板的应用已经显示出了其他包装材料无可比拟的巨大优越性。而且，作为一种环保材料，它具有可自然降解、不污染环境和循环再生利用等特点。

讲解：蜂窝纸板的结构特征和优势

蜂窝复合纸板的结构是一种规范的蜂窝夹层结构：由上下两张面纸夹蜂窝纸芯粘合而成。蜂窝夹层结构具有突出的抗压和抗弯曲能力，其最显著的特点是：以最少的材料获得最大的受力，即强度重量比最大，这是蜂窝复合材料受人青睐的根本原因。

◆蜂窝纸板

蜂窝纸板的主要技术特点：重量轻、用材少、成本低；强度高、表面平整、不易变形；抗冲击、缓冲性好；隔音、吸热；无污染、符合现代环保潮流。